알기쉬운 최신 반도체 제조장치의 기본과 구조

팹부터 검사까지 제조장치를 살펴본다.

佐藤 淳一 著 | 정학기 譯

제 3 판

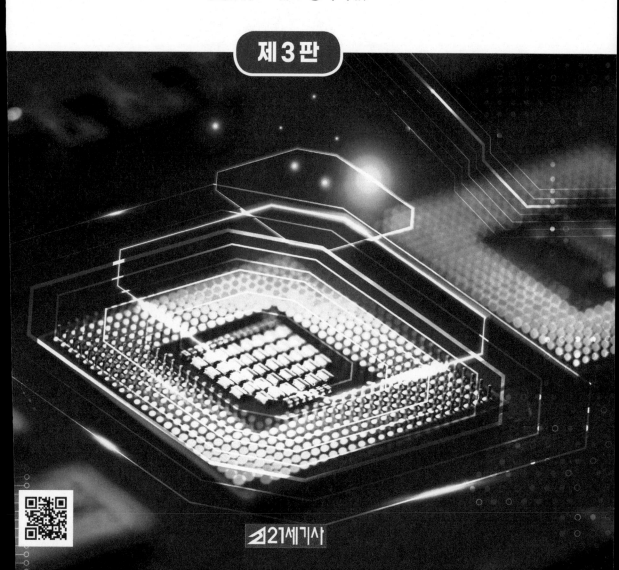

21세기사

일러두기

1. 이 책은 저자가 독자적으로 조사한 결과를 출간한 것입니다.
2. 본서는 내용에 대하여 만전을 기하여 작성하였습니다만, 만일 의심스러운 점이나 오류, 누락 등 문제점이 있으시면 출판사에 서면으로 연락주시기 바랍니다.
3. 설명서의 내용이나 사용 결과의 영향에 대해서는 위 (2) 항에도 불구하고 책임을 지지 않습니다. 미리 양해해 주십시오.
4. 문서의 전부 또는 일부에 대하여 출판사의 서면 승인을 받지 않고 복제하는 것은 금지되어 있습니다.
5. 상표 : 이 문서에 설명되어 있는 회사명, 제품명 등은 일반적으로 각사의 상표 또는 등록상표입니다.

서문

이 책자는 2010년 4월에 발간한 초판의 제3판입니다. 2016년 7월에 개정한 제2판에서는 반도체 제조장치에 대한 현상을 설명하는 장을 추가하였습니다. 이번 제3판에서는 시장의 정세를 바탕으로 읽기 쉽게 아래와 같이 개정하였습니다.

- 전체를 서술한 1장과 2장 내용을 최근의 동향에 맞추어 다시 작성하였으며 쉽게 이해하기 위하여 단원의 순서를 약간 변경하였다.
- 가능한 한 이해하기 쉽게 표현하였으며 부족한 점은 참고를 추가하였다.

기타 지금까지와 마찬가지로 반도체 제조에 사용되는 주요 장치를 반도체 팹의 관점에서 각 장치의 구조·구성까지 광범위한 영역에서부터 좁은 영역까지 설명하였습니다. 이 책은 독자가 어느 정도 반도체 지식을 가지고 있다는 전제하에 서술하였지만, 반도체 사업에 참여하고 있는 분, 관계있는 분, 관심 있는 직장인이나 학생 등을 대상으로 넓고 얕게 해설하였습니다. 전문적인 기술도 포함되어 있지만 대부분 알기 쉽게 서술한 것입니다. 바로 이해하지 못한 부분은 더 경험을 쌓고 다시 읽어 주시기 바랍니다. 또한 경험자는 자신의 지식을 정리하고 다른 분야와의 관계를 이해하는데 조금이나마 도움이 되리라 생각합니다. 이 책의 특징은 반도체 제조 장치가 반도체 산업과 반도체 팹에 미치는 영향을 1장, 2장에 서술한 것입니다. 이는 3장부터의 내용을 이해하는데 도움이 될 것이라고 생각하였기 때문입니다. 또한 10장에 주요 검사·분석장치를 설명하였습니다. 기타 실제 생산현장을 잘 모르는 사람도 많다고 생각합니다만,

- 복잡성을 피하고, 알기 쉽게 그림과 표를 도시하였습니다.
- 현장의 관점에서 현장에서 사용하고 있는 용어를 사용하였습니다.
- 역사적 배경을 접하는 것으로 시장의 이해를 돕는다고 생각했습니다.

이상 필자가 생각한 것이 실현되어, 많은 분들에게 도움이 되기를 희망합니다. 이 책의 내용에 대해 필자는 기본적으로 실제로 경험한 것을 바탕으로 하였지만, 다양한 조언을 받았습니다. 또한 많은 선배의 저서도 참고하였습니다. 이 자리를 빌어 감사드립니다. 또한 내용에 대하여 저자가 잘못된 설명이나 오역 등이 있으면 많은 지도를 부탁드립니다.

2019년 1월
사토 준이치

역자 서문

반도체 산업은 모든 산업 전반에 걸쳐 '산업의 쌀'과 같은 역할을 담당하며 점점 그 영향력을 증대시키고 있다. 그 이유는 4차산업혁명의 기틀이 되기 때문이다. 인공지능, 사물인터넷, 빅데이타, 자율주행 등 4차산업 혁명하면 떠오르는 모든 산업에서 반도체의 중요성은 아무리 강조하여도 지나치지 않을 것이다. 이러한 반도체관련 학문을 익히기위하여 필요한 기본 지식은 전 학문분야에 걸쳐 다양화되고 있다. 이는 반도체 산업이 기본적으로 반도체 재료 산업에서부터 시작하여 가공처리기술 및 가공기술과 관련된 장비 산업 그리고 시스템 개발분야 등 광범위한 분야에서 필요하기 때문이다. 향후 반도체 산업은 현재 상상하고 있는 시스템뿐만이 아니라 인간의 상상력을 초월하는 미래의 새로운 장치에도 적용할 수 있도록 개발될 것이다. 이에 부응하기 위하여 독자들은 반도체의 기본 지식을 익히고 이를 토대로 새로운 시스템 개발 등에 노력해야 할 것이다.

반도체관련 분야를 공부하고 있는 학생들중에는 단순히 반도체의 재료 분야라든가 공정 분야, 회로설계 분야 등을 익히고 있을 것이다. 그러나 서두에서도 이야기하였지만 반도체라는 학문은 매우 복잡하고 종합적인 학문이므로 먼저 반도체 산업 전반에 걸친 내용을 익혀 반도체 산업에 대하여 이해한 후, 흥미있는 분야에 대하여 좀 더 심도있는 공부를 하는 것이 수월할 것이다. 그래야만 각 독자들이 반도체분야에 대한 해당 관심사에 집중할 수 있을 것이다.

다양한 반도체 분야 중 이 서적은 반도체 공정에 대하여 간단하면서도 흥미롭게 서술하였으므로 반도체 공정을 빠른 시일 내에 이해하고자 하는 독자들에게 매우 유익할 것이다. 반도체 산업은 그 발전 속도가 매우 빠르기 때문에 기본적인 지식을 조속히 익히는 것이 중요하다. 이에 본 서적을 번역하여 반도체 공정에 관심있는 독자들께 조금이나마 도움을 주고자 한다. 반도체 산업에서는 다양한 용어가 사용되고 있으므로 이 서적에서 사용한 용어뿐만이 아니라 다른 서적을 참고하여 용어를 익혀 주길 바란다.

이 번역서를 읽고 향후 우리나라 반도체 산업에서 중추적인 역할을 담당하길 기원하며 독자들의 반도체에 대한 이해에 미력이나마 도움이 되었으면 한다.

2022. 8

역자 씀

차례

CHAPTER **11**　**후공정 장치**　253

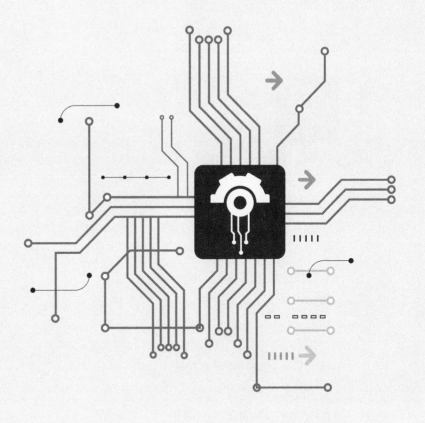

CHAPTER **1**

반도체 제조장치의
발전현황

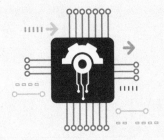

이 장에서는 반도체 제조장치의 현황을 알아보기 위하여 시장현황 및 장치제조사, 반도체공장(Fab) 및 실리콘 웨이퍼의 450mm화 현황에 대하여 설명한다. 아울러, 어느 정도의 반도체 지식이 있다는 전제로 서술하였기 때문에 전체를 통독하여 읽는 것을 권장한다.

1-1 간단히 살펴본 반도체 제조장치

이 절에서는 이 책에서 다루는 용어나 범위를 정의하고 이 책의 차례 및 구성 등에 대하여 설명함으로써, 다음 장을 이해하는데 도움이 되고자 한다.

▒ 반도체 제조장치의 현황

반도체 제조장치의 각론에 들어가기 전에, 반도체 산업에서 반도체 제조장치의 현황에 대하여 다양한 측면에서 살펴보고자 한다. 반도체 산업은 전 세계에서 수 백조 원의 시장을 형성하고 있으며, 반도체 시장의 영향을 받고 있지만, 첨단산업으로써 일익을 담당하고 있다.

반도체 산업은 설비산업 또는 장치산업이라 말하고 있다. 이는 이 책에서 서술하겠지만 고성능의 고가 반도체 제조장치와 연관성이 크기 때문이다.

우선 용어의 정의 및 이 책의 취급범위 등에 대하여 설명할 것이다. 반도체는 엄밀히 말해서 전기전도도가 금속과 절연체의 중간에 위치하여 전기를 통하게 하기도 하고 통하지 않게 하기도 하는 고체물성을 나타내지만, 넓은 의미에서 반도체로 제작한 소자(디바이스)나, 상업적으로 반도체 부품이나 제품을 말하기도 하고, 이 모든 것을 포함하기도 한다. 특허명세서에는 "반도체장치"라는 단어가 많이 사용된다. 이 책에서는 넓은 의미에서 반도체라는 용어를 사용할 것이다.

우선, 반도체에도 다양한 재료나 제품이 있지만, 이 책에서는 대규모집적회로(LSI메모리, 로직IC 등)에 대하여 주로 설명한다. 또한, 반도체 제품에 대해서는 이 책의 시리즈로 출판된 "도해 입문 알기 쉬운 최신 반도체 프로세서의 기본과 구조 -제3판-"의 서두에 간단히 설명하고 있으므로 참고해 주기 바란다.

▒ 이 책의 순서

반도체 산업은 전술한 바와 같이 장치산업이라 할 수 있다. 반도체 제조 장치를 구입하여 공장 내에 설치한다고 반도체를 제조할 수 있는 것은 아니다. 이는 불상을 만들고 영혼을 넣지 않는 것과 같다. 그러므로 이 책에서는 이를 이해하기 위하여 전체적으로 반도체 제조 장치를 설명할 것이다. 우선 반도체 산업의 시장 전체를 살펴보고 (1-2절) 반도체 제조장치의 현황에 대하여 설명한다. 그중에서도 반도체 제조장치 회사의 역사와 일본 반도체 제조장치 회사의 현황에 대하여 설명한다(1-3, 4절).

영혼을 불어넣기 위하여 필요한 반도체 제조장치를 설치한 공장을 살펴보고 경향을 설명한다(1-5,6절). 그리고 반도체의 주원료인 실리콘을 살펴보고 그 경향과 이에 대응하는 반도체 제조장치 회사의 향후 과제(1-8절) 등에 대해서도 설명한다.

전체적으로 내용을 파악하고 중요한 원재료인 실리콘웨이퍼나 반도체공장, 반도체 제조장치의 관계를 2장에서 언급할 것이며 반도체 제조장치에서 요구되는 성능에 대하여 설명할 것이다.

각 공정에 해당하는 장치에 대해서는 3장 이후 각 장에서 설명할 것이다.(제3장~제11장) 또한 기존의 서적에서는 다루지 않았던 검사, 평가, 분석장치에 대하여 제10장에서 설명할 것이다. 이상의 설명을 그림 1-1-1에 도시하였다. 읽는 순서는 각자의 입장에서 어디부터 읽어도 상관없을 것이다.

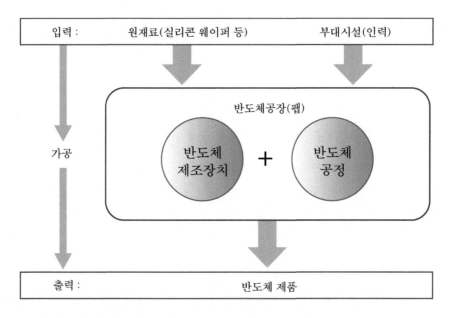

그림 1-1-1 반도체 제조장치의 현황

▓ 반도체 공정의 관계

반도체 제조장치와 반도체 제조공정(이하 반도체 공정으로 서술)은 하드웨어와 소프트웨어의 관계와 같으며, 자동차의 양 바퀴에 비유할 수 있다. 첨단 반도체 분야에 대하여 1-3절에서 상세히 설명하겠지만, 반도체 공정을 "레시피"라고 한다면, 반도체 제조장치에서 반도체 공정이 탄생하는 구조로 되어 있어 향후 반도체 사업전략을 수립하는데 이의 상호관계 정립은 매우 중요한 과제이다. 이와 같은 관계를 그림 1-1-2에 도시하였다.

또한 반도체 공정에 대해서는 이 책의 시리즈로 출판된 "도해 입문 알기 쉬운 최신 반도체 프로세서의 기본과 구조 -제3판-"을 참고해 주기 바란다.

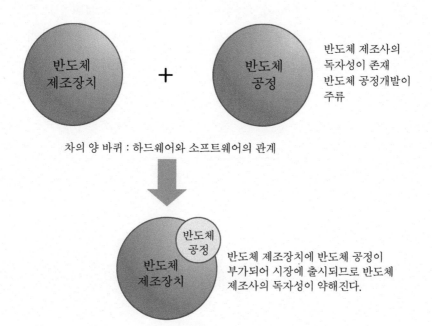

그림 1-1-2 반도체 제조장치와 반도체 공정의 이미지 변천

1-2 반도체 제조장치의 시장현황

이 절에서는 반도체 제조장치와 그와 관련된 반도체, 전자기기의 시장규모를 설명한다.

▒ 반도체 산업의 규모

반도체 제조장치의 현황을 다방면으로 이해하기 위하여 반도체 산업의 규모을 살펴보자. 여러 조사기관이나 WSTS*의 발표를 살펴보면 수년 동안 반도체 산업의 세계적 규모는 4000억 달러를 초과하는 정도이다. 원화로 환산하면 (1달러 당 1200원) 약 480조원 규모라 할 수 있다. 이는 자동차산업 분야와 비교해 보면 일본 도요타 자동차는 약 300조원의 매출을 올리고 있으므로 약간 크다고 할 수 있다. 그러나 자동차 분야는 최종제품을, 반도체 분야는 부품이기 때문에 일률적으로 비교할 수는 없을 것이다.

▒ 전자산업의 규모

반도체 산업은 원재료에서부터 제조장치, 최종제품까지 광범위한 분야의 산업을 형성하고 있다. 이를 한번 고찰해 보자.

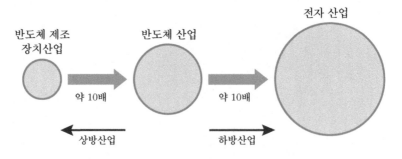

그림 1-2-1 반도체시장의 규모

---

*   WSTS : World Semiconductor Trade Statistics의 약자

그 예로 하방산업인 전자산업은 반도체 산업의 약 10배 규모이다. 전방산업인 반도체 제조장치 시장은 반도체시장의 약 1/10 정도이다. 그림 1-2-1에 도시한 바와 같이 각각 현격한 차이를 보이고 있다. 이는 대략적인 수치이나, 각각 약 10배의 하방산업을 지탱하고 있다고 할 수 있다. 반도체산업을 전방산업에서 하방산업까지 설명하자면 위의 수치를 기억하는 것이 좋을 것이다.

▨ 반도체 웨이퍼의 산업규모

대표적인 반도체 원재료는 실리콘웨이퍼*이다. 대부분 반도체 IC는 실리콘웨이퍼를 이용하여 제조하기 때문이다. 이는 1-7절이나 2-2절에서 설명하고 있으므로 실리콘웨이퍼에 대하여 잘 모르는 독자는 미리 선행학습해주길 바란다. 실리콘웨이퍼 시장은 반도체 산업 규모에 대하여 대략적으로 약 25에서 30분의 1 정도이다. 따라서 세계시장은 약 100억 달러를 넘는 시장이 형성되어 있다. 그림 1-2-2에 도시한 바와 같이, 제조장치와 비교하면 매우 작은 규모이다. 원재료시장 규모보다 제조장치에 대한 시장규모가 큰 것은 반도체 산업이 장치산업이라는 일면을 보여주고 있다. 이러한 점을 염두에 두고 이 책을 정독해 주길 바란다.

반도체 산업은 한국, 대만, 중국 등에 밀려 일본은 어려운 상황이 계속되고 있다. 1980년대에는 일본이 세계 반도체 시장의 50%를 점유하였지만, 지금은 약 20%에도 못미치는 상황이다. 그러나 실리콘웨이퍼의 생산량은 세계적으로 약 60% 이상을 점유하고 있는 것으로 알려져 있다. 즉, 전방산업 분야는 여전히 강세를 보이고 있다. 이 분야가 일본의 반도체 산업 부흥의 열쇠가 되는 것은 아닐까? 실리콘웨이퍼뿐만이 아니라 전력반도체에 사용하고 있는 SiC 웨이퍼나 화합물반도체 웨이퍼 분야에서도 강세를 이어가길 바란다.

---

* 실리콘웨이퍼 : 다른 서적에서 여러 가지 표현이 있겠지만, 이 책에서는 SEMI의 표기방법에 따라 웨이퍼로 표기한다.

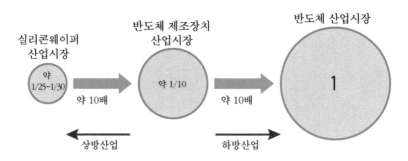

그림 1-2-2 반도체제조장치의 규모

1-3 장치제조사와 패러다임의 변화

이 절에서는 반도체 제조장치 회사의 역사 변천사와 향후 참고사항에 대하여 서술한다.

▒ 반도체 여명기의 제조장치

반도체 제품이 제조되기 시작했을 무렵, 전용 장치는 적고, 생산량도 한정되어 있었으며 극단적으로 말해 실험실 수준에서 제조되었던 시절이었다. 그러던 중에 전용 반도체장치가 등장하였다. 원래 반도체산업은 미국에서 시작하였으므로 당연히 미국 내의 반도체 제조장치 회사가 주류를 이루었다. 그림 1-3-1에 1980년의 반도체 제조장치 회사 중 상위 10개 회사를 도시하였다. 현재는 회사명을 잘 모르거나 흡수 합병된 회사가 많으나, 대부분 미국 회사인 것을 알 수 있다. 따라서 이 무렵 일본의 대기업 상사나 그와 관련된 회사는 단지 미국의 반도체 제조장치 회사의 대리점 역할을 하고 있었다.

더불어 일본 회사로서 이 분야에 진출한 곳은 다케다 이화학연구소뿐이었다. 이 회사는 1954년 설립된 반도체 검사 장치의 선두업체로서 현재는 어드밴티스트(ADVAN-TEST)라는 사명으로 변경되었다.

1위	퍼킨·엘마 (미국)
2위	GCA (미국)
3위	어플라이드 머티어리얼즈 (미국)
4위	페어차일드 (미국)
5위	베리안·어소시에이츠 (미국)
6위	테라다인 (미국)
7위	이톤 (미국)
8위	제너럴 시그널 (미국)
9위	큐릭 & 소파 (미국)
10위	다케다 이화학연구소 (일본) *현 어드밴티스트

출처 : VLSI 리서치(1980년)

그림 1-3-1 반도체 제조장치 회사의 순위

▓ 반도체 제조장치 회사의 변천

이후 일본의 반도체 산업의 발전과 함께 반도체 제조장치 회사의 약진이 눈에 띄게 된다. 일본의 반도체 산업이 세계를 견인했던 1990년에 반도체 제조장치 회사의 상위 10개 회사를 그림 1-3-2에 도시하였다. 그림에서도 알 수 있듯이 일본의 반도체 제조장치 회사가 상위랭킹을 점유하고 있었다. 특히 리소그래피 장치에서 니콘이나 캐논의 약진을 볼 수 있다. 1990년대에는 일본과 미국의 상위랭킹 회사가 역전되어 있는 것을 알 수 있다. 그 당시 미국, 일본 등은 각각 자국의 반도체 제조장치 회사의 점유율이 75% 이상 이었다. 즉, 자국의 반도체 제조장치를 사용하게 되었다. 그 당시는 이른바 세계화의 시대는 아니었으므로 자국 내 회사 제품을 사용할 때, 납품에서 사후정비까지 충분했을지도 모른다. 역시 반도체 산업은 장치산업임을 보여주고 있다는 것을 알 수 있었다. 즉, 반도체의 점유율이 큰 나라의 반도체 제조장치가 자국 내 반도체 회사에 도입됨으로써 점유율을 증가시킨 것으로 볼 수 있다.

1위	도쿄일렉트론 (TEL) (일본)
2위	니콘 (일본)
3위	어플라이드 머티어리얼즈 (미국)
4위	어드밴티스트 (일본)
5위	케논 (일본)
6위	히다치제작소 (일본)
7위	제너럴 시그널 (미국)
8위	베리안·어소시에이츠 (미국)
9위	테라다인 (미국)
10위	실리콘벨리그룹 (미국)

출처 : VLSI 리서치(1990년)

그림 1-3-2 반도체 제조장치 회사의 순위

▒ 패러다임의 변화

한편, 한국, 대만, 중국의 반도체 회사가 20세기 말부터 약진하기 시작하였다. 이들 국가들은 자국 내 유력한 반도체 제조장치 회사들이 있었던 것은 아니었다. 이유가 무엇일까?

이전에는 반도체 회사가 장치를 자체적으로 개발하거나 장치제조 회사로부터 구입하여 독자적으로 개발하였던 제조공정이 현재는 제조장치에 "레시피"로 부속되게 되었다. 예를 들어서, 일본에서도 각 반도체 회사가 독자적인 공정개발을 하고 이를 자사의 생산라인에 반영시켜 나갔던 시대가 1980년대에서 1990년대에 존재하였다. 그 결과는 응용물리학회 등에서도 많이 발표되고 논의되었다.

그러나 90년대 이후부터 LSI의 고집적화에 따른 공정의 복잡화가 진행되어 독자적으로 공정을 개발하기 위하여 막대한 비용이 소요되며, 경쟁력을 잃는다는 생각과 당시 300mm웨이퍼의 실용화를 진행하려는 경향이 높아 일본에서는 반도체 선도기술(Semiconductor Leading Edge Technologies ; Selete)*이라는 민간 반도체 대기업

---

* Selete ; Semiconductor Leading Edge Technologies의 약자. 당시 일본의 10개 대기업 반도체 회사가 300mm등 첨단 미세가공기술의 공동연구를 수행하기 위하여 설립한 주식회사. 1996년

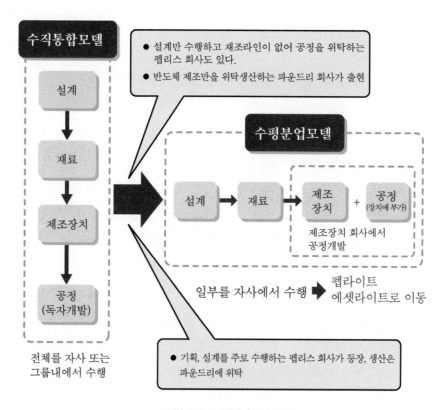

그림 1-3-3 패러다임의 변화

10개 회사에서 만든 공동개발회사가 생겨났으며 정부에서는 ASET*라는 연구기관을 설립하였다. 이후에도 이러한 추세는 계속되고 있었다. 이 흐름은 당연히 일본뿐만이 아니라 전 세계에 공통적인 것이었다. 다시 말해서 20세기 말부터 폐쇄적인 틀에서 벗어나 이른바 세계화의 흐름으로 접어든 것이다. 따라서 공정의 독자성, 더 나아가서는 반도체 제조장치의 독자성으로 경쟁하려는 흐름이 사라졌다. 반도체 제조장치 회사가 공정까지 "레시피"라고 칭하고 장치에 포함된 형태로 공급하게 됨으로써 대기업 반도체 제조장치 회사가 지배하게 되었다. 한국, 대만, 중국 등의 반도체회

설립하였으며 현재는 해체되었다.

* ASET ; Association of Super-Advanced Electronics Technologies의 약자. 기술연구조합 최첨단 전자기술 개발기관. 통산성(현재의 경산성) 주관의 펀드로 설립한 첨단반도체 기술의 공동연구체 (1996년설립)

사의 점유율이 늘어난 것은 이 흐름에 기인한 것이다. 반도체 회사가 수직통합 형인 경향에서 수평분업 형으로 바뀐 것이다. 이것은 지금까지의 흐름에서 패러다임의 변화라고 할 수 있다. 이와 같은 변화를 그림 1-3-3에 도시하였다.

▒ 파운드리·팹리스의 등장

이렇게 하여 반도체 제조장치를 도입하여 위탁생산하는 형태의 반도체업체도 등장하게 되었다. 이를 파운드리(foundry)라 한다. 다른 한편으로는 자신의 공장을 갖지 않고 위탁생산하여 조달하는 팹리스(fabless)회사도 등장하였다. 종래의 반도체 회사 중에는 이의 일부라도 사용하는 것을 "팹라이트(fab-light)" 또는 "에셋라이트(asset-light)"라 칭하면서 또 하나의 반도체 산업체계의 핵심이 되었다. 파운드리의 대표는 대만의 TSMC와 미국의 글로벌파운드리스(GlobalFoundries)*이며, 대표적 팹리스 회사는 미국의 퀄컴(Qualcom) 등이다. 이와 같은 기업은 세계 반도체 회사 상위 10위 내에 자리 잡고 있다. 종래의 수직통합 모델은 일부 회사에서만 존재하고 있다. 반도체 장치제조 회사는 다양한 사용자를 상대로 사업하는 시대로 접어들었다. 다시 말해서, 반도체 장치 제조도 개방적인 흐름에 발맞추어 세계화에 접어들게 되었다.

1-4 일본 반도체 제조장치 회사의 현황

이 절에서는 일본의 반도체 제조 장치회사의 현황을 파악한다.

▒ 반도체 산업의 구조

1-1절에서 언급하였듯이 반도체 산업은 원재료, 제조장치, 공장(크린룸)건설, 부대시설의 공급 등 주변산업과의 연관성이 넓은 산업이다. 따라서, 수직통합적 사업모델은 어떤 의미에서 진입장벽이 높다고 할 수 있다. 이러한 단점을 극복하기 위하여 최근 파운드리(위탁생산)나 팹리스 반도체 회사 등이 탄생하고 있다는 것을 전술한 바 있다.

---

* 글로벌파운드리스 (GlobalFoundries) ; p.30 각주참조

다만, 기술적으로 반도체 제품 생산은 원재료에서 제품까지 수직통합모델(또는 유사한)로 이루어지고 있다. 이는 원재료에서 노하우(Know-how)가 있어 소자개발의 활력소가 되기 때문이라 생각한다. 일본의 반도체 산업의 회복을 생각해 볼 때 중요한 사항이라 할 수 있다.

▒ 일본 반도체회사의 현황

반도체가 무엇인지 잘 모르던 시절, 반도체 생산에 참가한 회사는 주로 세계적인 종합전기 회사였다. 일본에서는 도시바나 히다찌 등이 대표적이다. 물론, 일본뿐만이 아니라 미국의 제너럴일렉트로닉스(GE), 독일의 지멘스(Siemens)* 등도 있었다.

일본에서는 대부분 재벌 그룹이었다. 예를 들어서, 도시바하면 미쯔이 그룹, NEC하면 스미토모그룹 등이 있어 소위 계열화되어 있었다. 따라서, 원재료에서부터 제조장치(측정장치포함), 반도체 제품에 이르기까지 종합전기회사가 주류를 이루고 있었다. 도시바를 예로 들어보면, 그림 1-4-1과 같이 원재료에서부터 제조장치까지 자사 내 그룹에서 조달하는 경향이 강했던 시대가 있었다. 물론 도시바 이외의 회사도 마찬가지였다. 이와 같은 구성은 일찍이 일본의 강점이기도 하였다. 그러나 시대가 변하여 강점이 약점으로 변하였다. 일본의 강점은 일본 반도체산업의 경직화의 원인이 되었다는 논란도 있다. 일본에서는 세계 반도체의 흐름인 파운드리나 팹리스 회사가 성장하고 있지 않았다. 최근 들어서, 자사의 반도체 부문을 분리하여 반도체 전문회사를 설립하고 있다.

---

* 지멘스 : 독일의 세계적 종합전기회사.

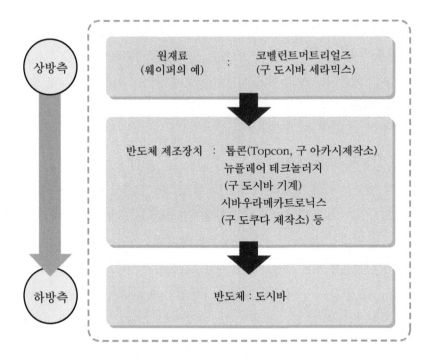

주) 그 당시 도시바의 예. 현재 구조조정의 영향으로 코벨런트머트리얼즈는 글로벌웨이퍼스로, 도시바도 도시바메모리 등으로 재편되었다. 도시바메모리는 키오시아로 사명을 변경하였다.

그림 1-4-1 일본의 반도체 계열화 예

▒ 일본회사의 정체

리소그래피 관계를 중심으로 1-3절에서 설명한 바와 같이 일본 반도체회사가 강력한 시대에는 제조장치 회사도 강하였다. 그러나 최근 사진 식각장치 개발을 시작한 타국에 밀려 그림 1-4-2에 도시한 바와 같이 세계 반도체 상위 10개 회사들이 바뀌었다. 1-3절과 비교해 보면, 이전 세계 랭킹 10위 이내의 일본 회사의 수는 변하지 않았지만 구성회사는 변하였다. 전체적으로 ASML의 약진이 눈에 띄지만 이는 ArF나 EUV 등 첨단 리소그래피 장치의 실적이 증가했기 때문이다 (6장). 유감스러운 일이지만 니콘이나 캐논과 같은 리소그래피 장치 제조업체가 10위권 밖으로 떨어진 것이 눈에 띈다.

즉, 니콘이나 캐논 그리고 캐논판매사 등 리소그래피 장치로 일세를 풍미했던 회사가 ASML의 뒤를 따라가는 추세이다.

1-3절에서도 서술한 바와 같이 반도체 제조장치 회사도 거대화, 과점화가 진행되고 있다. 일례로서, 세미콘재팬의 팜플렛을 참고해 보자. 세미콘재팬에는 플래티넘 스폰서나 골드 스폰서가 있다. 그 기업들은 업라이트머트리얼, 도쿄일렉트론, 어드벤티스트, 히다치하이테크노로지, 램리서치, SCREEN 등 세계 톱10 기업들이 이름을 올리고 있다. 또한 그림 1-4-2에서 2013년과 2018년을 비교해 보면 톱 10기업 들이 대부분 동일한 기업으로 구성되어 있는 것도 상기에서 언급한 거대화 및 과점화가 진행되고 있다는 예이다. 이는 시대의 흐름이라 할 수 있다. 반도체 회사는 제조장치 회사에서 단순히 장치의 제공만이 아니라, 전술한 공정레시피의 제공 그리고 애프터서비스까지 소위, "토탈솔루션"을 구매하는 시대가 되었다. 그런 중에 소설 "변두리 로켓"처럼 이름도 없는 작은 공장에서 종래에 없던 아이디어로 세계적인 회사와 어깨를 나란히 하는 반도체 제조장치 회사가 나타나는 재미도 있다. 또한 일본의 강점인 원재료분야에서 실력을 발휘하는 것을 생각할 수도 있을 것이다.

2013년	2018년
1위 어플라이드 머티어리얼즈 (미국)	1위 어플라이드 머티어리얼즈 (미국)
2위 ASML (네델란드)	2위 ASML (네덜란드)
3위 Lam Research (미국)	3위 도쿄일렉트론 (일본)
4위 도쿄일렉트론 (일본)	4위 Lam Research (미국)
5위 KLA- Tencor (미국)	5위 KLA-Tencor (미국)
6위 SCREEN(일본)	6위 어드밴티스트 (일본)
7위 히다치하이테크놀러지 (일본)	7위 SCREEN (일본)
8위 테라다인 (미국)	8위 테라다인 (미국)
9위 어드벤티스트 (일본)	9위 히다치국제전기 (일본)
10위 ASM International (미국)	10위 히다치하이테크놀로지 (일본)

출처 : VLSI 리서치

그림 1-4-2 반도체 제조장치 회사의 순위

1-5 팹 현황

이 절에서는 반도체공장(fab, 팹)의 최근 동향에 대하여 서술한다.

▥ 여러 가지 제품군과 반도체 팹

반도체 제품에는 여러 가지 종류가 있으므로 이 절에서는 종류를 정리하고 향후 전개에 대한 이해를 돕고자 한다. 자동차에 비유해 보면 자동차 산업에서도 트레일러나 대형트럭에서, 고급 세단과 경차, 스포츠카 등 다양한 제품이 있듯이 반도체 제품에도 여러 가지 종류가 존재한다. 그림 1-5-1에 제품군의 분류를 도시하였다.

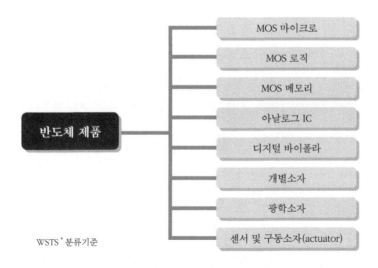

그림 1-5-1 반도체의 분류(제품별)

신문이나 TV, 회사소식지 등의 주요 매체에서 자주 언급되는 반도체는 이 중에서 로직과 메모리이다. 여기서는 기술적인 분류에 대하여 상세히 기술하진 않았지만 MOS[**]방식의 트랜지스터를 집적화한 LSI[***]라는 것이 있다.

---

* WSTS ; 13페이지에 서술한 World Semiconductor Trade Statistics의 약자

** MOS ; Metal Semiconductor Silicon (Semiconductor)의 약자. 트랜지스터 구조의 일종으로 현재 주로 사용되는 구조이다.

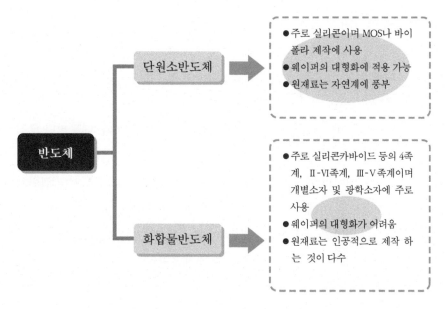

그림 1-5-2 반도체의 분류(원재료별)

또 다른 방식은 반도체 재료로 분류하여 크게 단원소 실리콘을 원재료로 사용하는 단원소반도체와 단원소가 아닌 화합물반도체를 원재료로 사용하는 화합물반도체로 분류한다. 이와 같은 분류를 그림 1-5-2에 도시하였다.

1-1절에서 언급한 바와 같이 이 책에서는 주로 실리콘을 재료로 사용한 MOS 메모리와 MOS 로직 등의 LSI 반도체 제품을 양산하는 팹과 반도체 제조장치에 대하여 서술하고 있다. 한편 대표적인 개별반도체*인 전력반도체에 대해서는 시장규모도 다르고 제조공정이나 제조장치도 상이한 점이 많다. 화합물반도체의 내용 및 공정에 대해서는 "도해 입문 알기 쉬운 최신전력반도체의 기본과 구조(제2판)"을 참조해 주길 바란다.

*** LSI ; Large-Scaled Integrated Circuit의 약자. 대규모집적회로

*   개별(discrete) 반도체 ; LSI와 비교하기 위하여 사용되는 용어로서 단순 기능을 하는 반도체

▓ 메가팹에 대하여

반도체공장을 팹(fab)이라 칭하고 있다. 저자의 느낌으로는 21세기가 되어 그 명칭이 주로 사용되고 있는 것 같다. 어떤 반도체 회사의 팹에는 동일한 공장 내에 건설된 순서로 팹1, 팹2 등으로 호칭하는 경우도 있다.

앞에서 설명한 반도체 제품군에 대한 팹의 종류도 매우 다양하다. 메모리나 로직과 같은 범용 제품은 소품종 대량생산 제품이므로 팹의 규모가 달라진다. 반도체에서 양산은 보통 월간 1만 웨이퍼 이상을 생산하는 수준을 말한다. 이와 같은 팹의 집합체를 메가팹이라는 개념으로 이해하면 된다. 또한 팹과 같은 의미에서 라인(Line)이라고 칭하는 경우도 있다. "한 달에 1만장의 라인"이라는 표현을 사용한다. 자동차 산업에서 생산 라인이라고 하는 것과 동일하다. 반도체 제조공정은 복잡하고 매우 긴 과정이므로 라인이라고 부르는 것도 이해할 수 있다.

여기서 자세히 접할 시간적, 공간적 여유가 없기 때문에 자매 서적인 "도해 입문 알기 쉬운 최신 반도체 공정의 기본과 구조 [제 3 판] "의 2-1절을 참고하여 주기 바란다. 하지만 반도체 산업의 대표적인 원리인 무어의 법칙 (기술적인 배경으론 스케일링 법칙이라 함)에 따라 설명하면 그림 1-5-3과 같이 팹의 규모, 나아가 투자자본 규모의 확대라는 것이 중요할 수 밖에 없다. 따라서 메가팹은 무어의 법칙이 궁극적으

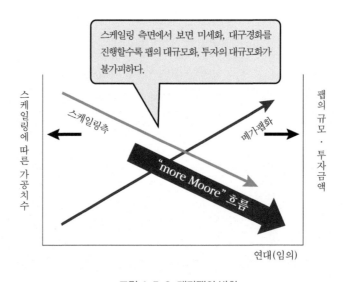

그림 1-5-3 메가팹의 방향

로 향하는 목표이다. 그러나 이것은 위에서 언급했듯이, 어디까지나 MOS 메모리 등을 중심으로 한 소품종 대량생산 제품군에 한정된 설명이다.

한편 무어의 법칙의 속박에서 벗어나 사업을 전개해 나가려는 움직임도 있다. 이에 대한 설명은 다음 절에서 언급할 것이다.

1-6 팹의 다양화

이 절에서는 메가팹와 정반대로 미니멀팹 및 기타 지원 등에 대하여 설명한다. 향후 장치회사의 대응에 대해서도 고찰한다.

▥ 팹 생산능력에 대하여

반도체는 지금까지 설명한 바와 같이 장치산업으로 알려져 있다. 1-5절에서 설명한 무어(Moore)의 법칙*에 따른 미세화·대구경화에 대해서도 반도체 제조장치의 능력에 힘입은 바가 크다 할 것이다. 기술적인 측면뿐만이 아니라 생산에 관해서도 반도체 제조장치의 생산능력에 의존하는 경우가 종종 있다. 여기서 문제는 반도체 공정에는 다양한 공정이 존재하므로 제조장치 별로 생산능력도 다르다는 것이다. 그래서 반도체 생산설비의 생산능력에 대해 익숙하지 않은 독자는 먼저 2-9절을 읽은 후, 아래를 읽어 보면 더 이해가 쉬울 것으로 생각한다. 각 공정에 대한 제조장치의 생산능력에 대해서는 3장 이후로 설명할 것이다.

▥ 메가팹 이외의 제안

이와 같이 각 반도체 제조장치의 생산능력이 상이하므로 생산라인에 설치해야 할 각 장치의 공급 대수가 다를 것이다. 생산능력이 가장 낮은 제조장치를 기준으로 장치 수가 결정되기 때문에 경우에 따라서는 잉여 능력을 가진 장치도 라인에 도입되어야 할 것이다. 따라서 메가팹 등 대량 생산을 수행할 팹에서는 가능한 한 위와 같은 문제

---

* 무어의 법칙 ; 인텔의 고든·무어에 의해 제창된 것으로 3년에 4배의 고밀도화로 비용이 절감된다는 것을 의미한다.

를 일으키지 않도록 반도체 제조장치의 도입을 추진해야 할 것이다. 이와 같은 분위기는 전술한 바와 같이 소위 "무어의 법칙"에 입각하여 오로지 미세화 노선만을 추구하는 "more Moore"의 흐름이다. 그러나 그런 엄청난 투자를 시행할 수 있는 반도체 제조업체는 제한되어 있고, 소량 다품종의 반도체 생산을 할 팹도 필요하게 되었다. 이것은 이른바 무어의 법칙에 따르지 않는 노선으로써, "more than Moore"의 흐름이다. 예를 들면 전력반도체나 MEMS 등이다. 메가팹에 대응하는 새로운 팹의 요구에 대해 그림 1-6-1에 정리하였다. 비교하기엔 약간의 무리가 따르지만 자동차 산업에 비유하면 도요타 자동차에 대한 미쯔오카 자동차(光岡自動車)같은 것일지도 모른다.

그림 1-6-1 팹의 다양화

▒ 미니멀팹에 대한 제안

메가팹에 대한 궁극적인 반대 의미가 미니멀팹이라 할 수 있다. 정식으로는 미니멀팹 기술연구조합으로서 일본 독립 행정법인 산업종합연구소 (이상 줄여서 산종연으로 표기)와 당초 21개사가 중심이 되어 2012년 설립된 조합이다. 현재는 미니멀팹 추진기구로 개칭되었다. 아이디어는 그림 1-6-1에 도시한 바와 같이 "more Moore" 메가팹 노선과는 구별을 분명히 하고, 기존의 반도체 생산 "공정 혁명"을 내세우며 소량 다품종 생산을 적은 투자로 수행하는 것이다.

그러나 이 프로젝트는 0.5 인치 웨이퍼*를 사용하는 것으로, 기존의 반도체 제조업체에서 그대로 도입할 수 있는 것은 아니다. 기존의 반도체 제조업체는 오래된 라인을 전용하여 소량 다품종 제품에 적용해가는 것 등을 생각해야만 할 것이다.

———
* 　0.5 인치 웨이퍼 ; 직경이 큰 웨이퍼에서 잘라내어 제작한다.

▒ 개발 라인에서의 대처

그러나 이 아이디어 자체는 소량 다품종 라인 및 연구개발 라인 등에도 응용할 수 있다고 생각된다. 반도체 제품은 기초 연구에서 개발, 시작품 제작, 양산까지 제품화에는 상당한 시간이 소요된다. 연구개발 수준의 웨이퍼 직경을 사용하거나 그에 해당하는 반도체 제조장치가 시작품 제작에서 양산까지 모든 제작공정을 수행할 수는 없으므로 양산의 시기가 늦어지는 것은 쉽게 예상할 수 있다. 따라서 미니멀팹은 양산 라인과 동일한 웨이퍼 직경이나 반도체 제조장치를 사용하는 최소한의 라인을 설정하고 연구개발의 성과를 신속하게 시제품 양산에 적용할 수 있는 장점이 있다.

▒ 향후 제조장치 회사의 과제

이 장에서 언급한 지금까지의 설명에서 앞으로의 반도체 제조장치 회사의 대응을 그림 1-6-2에 도시하였다. 반도체 회사 중에서 "more Moore" 노선으로 일관하는 회사는 매우 적다. 한편 반도체 제품도 고사양 제품에서 저사양 제품까지 다양하며 팹의 크기도 메가팹에서 미니팹 또는 미니멀팹과 같은 형태가 등장하고 있으며, 또 다음 절에서 다루는 웨이퍼 직경도 450mm가 실용화되었다고 가정하면, 450mm에서 300mm나 혹은 200mm까지 다양한 웨이퍼 직경에 대응하지 않으면 안 된다. 컴퓨터의 기본 소프트웨어에 다양한 세대가 존재하고 소프트웨어 회사가 그들에 대응하기 위해 고심하고 있는 상황과 비슷하다고 할 수 있다. 기본 소프트웨어는 교체하면 그것으로 끝날지도 모르지만, 웨이퍼의 경우 장치 전체를 교환해야만 한다.

폭넓게 대응할 것인가 아니면 한 곳에 집중할 것인가는 제조장치 회사의 전략에 따라 결정될 것이다. 반대로 다양성의 시대이기에 생존의 길도 있을 것이다. 각 시대의 키워드는 끊임없이 변화하고 있다. 지난 세기 후반부터 등장한 탈 메모리, 시스템 LSI, 컨소시엄, "more Moore", "more than Moore", 450 mm화, IoT, 5G 등 새로운 키워드를 열거하면 끝이 없을 정도이다. 시대의 흐름을 잘 이해할수록 생존의 길도 있는 것이다. NAND형 플래시 메모리의 미세화, 고층화도 한계에 접근하고 있어 MRAM 및 FeRAM 등 차세대 메모리분야나 일본이 강점을 발휘하고 있는 전력반도체 등 신개척 분야는 아직 있다고 생각한다. 이에 앞으로의 전개에 주목하여야만 한다.

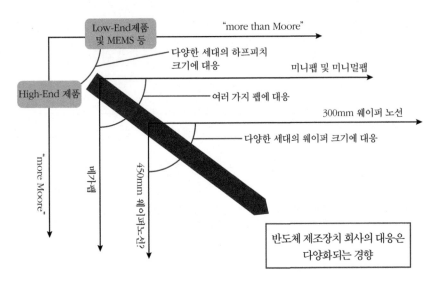

그림 1-6-2　제조장치 회사의 향후 대응

1-7 실리콘 웨이퍼의 450mm화 현상

이 절에서는 반도체를 만드는 필수 원재료인 실리콘 웨이퍼의 대구경화, 구체적으로는 450 mm 화에 대하여 설명한다.

▦ 실리콘웨이퍼의 크기

이 절의 설명은 잘 생각해 보면 "more Moore"나 메가팹과 관련된 내용이다. 450mm는 실리콘 웨이퍼 직경에 해당하는 숫자이다. 실리콘 웨이퍼는 1.5인치로 출시된 후, 그 직경 (웨이퍼 크기라고도 함)을 증가시켜 왔다. 간단하게 말하면 웨이퍼 직경이 클수록 1장의 웨이퍼에서 더욱 많은 수의 칩을 생산할 수 있으며, 칩 크기의 대형화에도 대응할 수 있을 것이다. 이와 같은 움직임을 실리콘 웨이퍼의 대구경화라고 한다. 이 책에서는 실리콘 웨이퍼의 제작 방법 등에 대해서는 자세히 언급하지 않을 것이므로 동일한 시리즈의 "도해 입문 알기 쉬운 최신 반도체 공정의 기본과 구조 [제 3 판]" 서적을 참고하길 바란다.

실리콘 웨이퍼의 크기(직경)를 바꾸는 것은 팹 (라인)의 큰 변화를 야기 시킨다. 저자는 2인치 웨이퍼를 본 적이 있지만, 단지 자료로 진열해 놓은 것으로써 실제로 작업한 것은 3인치 웨이퍼부터이다. 그 후, 3인치에서 4인치를 생략하고 125mm (5인치)에 대한 시제품 제작 라인 전환(이른바 대구경화)에 참가한 경험이 있지만, 실리콘 웨이퍼의 직경이 두 배 가까이 증가하였기 때문에 실제로 손에 들고 작업하면 상당히커졌다고 느낀 기억이 있다. 실제로 작업하면 웨이퍼용 핀셋으로 잡기도 어려웠던 것으로 기억한다.

여기서 인치 표기와 mm 표기에 대하여 설명하자면, 실리콘 웨이퍼는 초기 미국에서 출시되었기 때문에 인치로 표기가 되었으며, 4인치까지는 인치로 표시되었다. 그후 125mm 직경에서 공식적으로 mm로 표기되었다. 그러나 오랜 관습에 의해 아직도인치로 표기하는 경우도 있다. 300mm는 12인치, 450mm는 18인치라고 한다. 이 책에서는 mm로 표기하고 있다.

▒ 450mm화의 추세

1-4절에서 설명한 "more Moore" 노선의 필연성인 실리콘 웨이퍼의 대구경화로 인하여 현재 300mm에서 차세대 450mm의 실리콘 웨이퍼를 도입하려는 움직임이 있다. 아래에서 그 동향과 과제의 예를 소개한다.

그림 1-7-1에 LSI에서 사용하는 실리콘 웨이퍼 (CZ법*)의 대구경화의 역사를 상징적으로 도시하였다. 1990년대에는 200mm 웨이퍼, 2000년대에는 300mm 웨이퍼가 실용화되었다. 그림에서 배수의 수치는 해당하는 웨이퍼 넓이에 대하여 비교한 것이다. 200mm에서 300 mm로 변화는 2.25배, 또한 300mm에서 450mm의 변경도 면적은 2.25배 증가하였다. 웨이퍼의 대구경화는 대체로 10년 주기로 실시되어 왔다. 개략적으로 말하면 디자인 규칙의 미세화에 의해 웨이퍼로부터 칩을 얻을 수 있는 수의 증가를 위하여, 그리고 메모리 비트 단가를 연평균 20~30% 정도 비용 절감을 도모하기 위하여 웨이퍼의 대구경화가 필요하게 되었다. 또한 칩의 투상각을 크게 함으로써 CPU 등의 설계 자유도가 증가하는 기술적 배경도 있었다.

---

* CZ법 ; Czochralski법. 용융된 실리콘에 결정체를 담가 위로 끌어당기는 제조법. 인상법이라고도 함. FZ(Floating Zone)법 등도 있다.

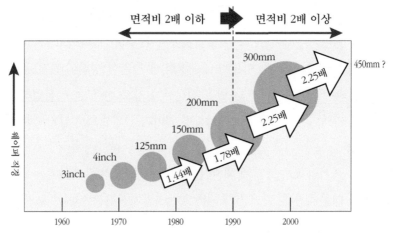

주) 125mm에서 150mm로 증가하면 면적이 1.44배 증가하지만 200mm에서 300mm로
   증가하면 면적이 2.25배가 된다.
주) 웨이퍼의 중심이 해당 웨이퍼의 양산개시 시점을 표기

그림 1-7-1 대구경화의 역사

▒ 450mm의 세계화 동향

450mm 화는 어떻게 진행되고 있을까? 450mm 화를 위해 2006년 SEMATECH[*]
이 만든 450mm 컨소시엄이 출범하였으며 일본에서는 SUMCO, 무라타 기계, 히다
치하이테크놀로지스 등의 재료, 운송, 제조장치 메이커도 참가하였다. 그 후, 2011년
에 G450C라는 컨소시엄이 미국에서 출범하였다. 이는 세계 최고의 반도체회사
(IBM, 인텔, 삼성, TSMC, 글로벌파운드리스[**])들이 가입하고 있었다. 그러나 상기 6
개사 중에서 IBM은 450mm를 이용하여 생산하지 않을 것이라고 발표하였다.

재료 및 제조장치 회사는 450mm 화하여도 그 개발 비용을 소수의 사용자들로부터
회수할 수 있을지를 우려하였던 것이다. 또한 반도체 제품의 관점에서 보면, 전반적
으로 PC에서 스마트폰, 태블릿 PC등으로 이동하고 있고, 나아가서는 IoT화 등 다양

---

[*] SEMATECH ; Semiconductor Manufacturing Technologies의 약자. 미국에서 1987년 설립된
   민관펀드와 같은 반도체 제조기술의 공동연구기관. 현재는 완전 민영화되었다. 당시는 일본의
   반도체 회사가 전성기였으므로 이를 설립함으로써 미국의 역습 시나리오를 생각했었다.

[**] 글로벌파운드리스 ; 미국의 파운드리 전문회사. AMD 등 미국 반도체 회사가 설립. 본사는 실
   리콘밸리 내 서니베일(Sunnyvale)에 있다.

해지고 있으며, CPU에서와 같이 투상각이 크면 유리하다는 필요성이 약해지고 있다. 이전 세미콘재팬 등에서 450mm의 운반 시스템 등이 전시된 적이 있지만 현재는 450mm 화가 중단되었다고 생각해도 좋을 것이다.

▨ 제조장치의 장애물

300mm 화까지 반도체 산업 전반에서 생각되어 온 문제이다. 1990년대 종반은 "300mm화를 놓치는구나"라는 분위기였다. 그에 비해 450mm를 필요로 하는 업체는 현재 전 세계적으로 몇 개 정도이다. 제조장치 회사는 450mm 화에 신중하다는 목소리가 많으며, 그 이유는 주요 회사가 전부 450mm 화하는 것은 아니며, 300mm 장비와 양면 개발될 가능성을 염두에 두고 있기 때문이다. 그것은 450mm 웨이퍼가 전체에서 어느 정도의 비율을 차지할지 걱정되기 때문이다. 참고로 그림 1-7-1은 그 웨이퍼 크기로 양산된 것을 나타낸 것이다.

오해가 없도록 주의하여 설명하였지만, 현재 사용되고 있는 것은 300mm 웨이퍼가 전부는 아니다. 아직 200mm 웨이퍼도 사용하고 있다. 참고로 언급하면 150mm 웨이퍼에서 200mm 웨이퍼로 판매량이 늘어난 것은 2002년경이며, 200mm 웨이퍼에서 300mm 웨이퍼로 판매량이 증가한 것은 2012년경으로 알려져 있다. 이상과 같이 양산에 사용되기 시작한 지 약 10년 이상 경과하여야만 비로소 새로운 직경의 웨이퍼 사용 매수가 이전 세대의 웨이퍼 사용 매수를 초과해 온 것이 현실이다.

"도해 입문 알기 쉬운 최신 반도체 공정의 기본과 구조 [제 3 판]"에는 300mm 화된 시기와의 비교 및 공정상의 어려움들을 설명하였지만 여기에서는 300mm에서 450mm 웨이퍼 제안까지의 흐름을 그림 1-7-2 도시하였다.

특히 반도체 제조장치는 450mm 화에 대응하기 위하여 단순히 반도체 제조장치의 운반계와 공정챔버를 크게 제작한다고 가능하지는 않을 것이다. 식각 및 증착, 리소그래피의 현상과 같은 화학반응을 주체로 하는 과정에서 웨이퍼 내의 균일 면적이 2.25배가 되어도 어떻게 보장할지 등, 어려운 과제를 해결하기까지는 장비개발에 시간과 비용이 소요된다. 따라서 이러한 타임스케줄에서 450mm 용 제조장치의 개발비용을 얼마나 줄일 수 있을지가 관건이 될 것이다. 참고로, 장치의 300mm 화 개발비용을 회수하는데 10년 정도 걸렸다고 장비업체 쪽에서 저자는 여러 번 들었다.

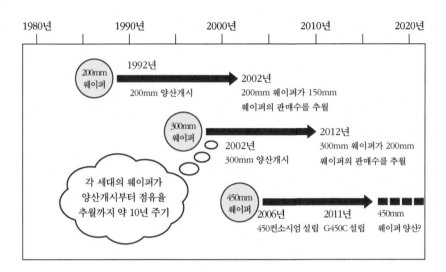

그림 1-7-2 300mm ~ 450mm 웨이퍼의 흐름

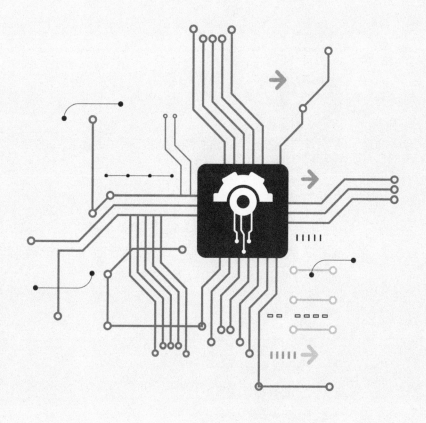

CHAPTER **2**

반도체 제조장치를
공정으로부터 이해하기

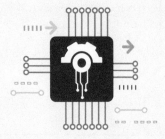

이 장에서는 반도체 제조장치를 전체적으로 살펴보기 위하여 반도체 팹에서 생산설비로서, 실리콘 웨이퍼와 운반 시스템과의 관계, 배치, 제조장치에 필요한 요소, 부대시설 등 다음 장에서 각 장치를 이해하는데 필요하다고 생각되는 사항을 설명할 것이다.

2-1 전공정과 후공정

이 절에서는 전공정과 후공정의 차이점을 설명하여 다음 절부터의 설명과 연결할 것이다.

▒ 반도체공정의 분류

실리콘 웨이퍼를 가공하여 반도체 칩으로 제품화하는 과정이 반도체 제조공정(이하 반도체공정)이다. 반도체 제조공정은 크게 전공정과 후공정으로 나누어진다. 그 이름처럼 전공정이 선행되며, 이것은 실리콘 웨이퍼 상에 필요한 LSI를 형성하는 공정으로써 웨이퍼 공정이라고 부르는 경우도 있다. 그 이유는 실리콘 웨이퍼만을 작업 대상으로 하여, 웨이퍼 상에 LSI를 형성하는 단계이기 때문이다. 후공정은 전공정이 끝난 후 LSI 칩을 잘라 패키지에 수납하는 공정이다. 실리콘 웨이퍼에 대해서는 2-2절에서 설명할 것이다.

전공정에 대해서는 2-3절에서 언급할 것이지만, 여기에서 미리 설명하면 각 공정을 여러 번 반복하는 공정이다. 저자는 이를 순환형 공정이라고 명명한다. 한편, 후공정은 각 공정이 위에서 아래도 일방적으로 흐르는 흐름형이 기본 공정이다. 그 이미지를 그림 2-1-2에 비교하였다. 실제 전공정과 후공정의 비교는 2-3절에서 구체적으로 설명할 것이다.

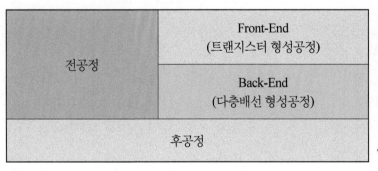

그림 2-1-1 반도체공정의 분류

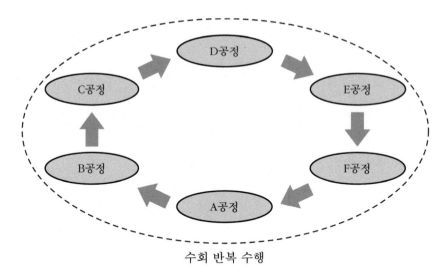

(a) 전공정의 개략도
동일공정을 반복수행 -순환형-

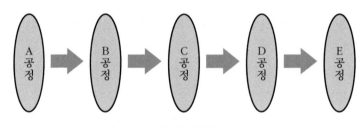

(b) 후공정의 개략도
순차적으로 진행 -흐름형-

그림 2-1-2 전공정과 후공정의 비교

▒ Front-End와 Back-End

전공정에 대해선 그림 2-1-1에도 도시하였지만, Front-End 공정과 Back-End 공정
으로 분류한다. 이 용어들을 해석하면 상기의 전공정, 후공정과 혼동하기 쉽기 때문
에 그대로 번역없이 사용할 것이다. 이에 대해서는 나중에 언급할 것이다. 한편, 공정
을 생략하고 각각을 Front-End*와 Back-End**라 부르는 경우도 있기 때문에, 이후

---

*   Front-End ; Front End of Line(FEOL)의 약자
**   Back-End ; Back End of Line(BEOL)의 약자

부터는 이 표기를 사용할 것이다. Front-End는 LSI의 동작을 결정하는 트랜지스터 등의 기본 소자를 형성하는 공정이다.

기본적인 소자는 트랜지스터 외에 다이오드, 저항, 커패시터 등이 있으며, 회로도에서는 독립적인 기호로 표시한다. 그들을 통합하여 LSI가 제작된다.

Back-End는 그 소자를 연결하여 LSI화하는 다층 배선공정이다. 두 공정의 결정적인 차이는 공정 온도이다. 자세한 내용은 8장 막제조 장치에서 설명할 것이다.

이 절에서는 3장 이하에서 서술할 전공정 중에서 어떤 요소가 Front-End와 Back-End에서 사용되는지를 그림 2-1-3에 도시하였다. 그림에서 알 수 있듯이 이온주입·열처리 (4장, 5장)를 제외하면 대부분의 공정이 Front-End, Back-End에 관계없이 사용된다. 그러므로 전공정은 순환형 공정으로 이해할 수 있다고 생각한다.

이 그림만으로 이해하기 어려운 독자는 LSI의 단면구조에서 두 공정의 차이점을 설명한 "도해 입문 알기 쉬운 최신 반도체 공정의 기본과 구조 [제 3 판]"에서 그림 1-4-1을 참조하길 바란다.

각 공정	세정·건조	이온주입·열처리	리소그래픽	식각	막제조	평탄화
Front-End (FEOL)	○	○	○	○	○	○
Back-End (BEOL)	○	×	○	○	○	○

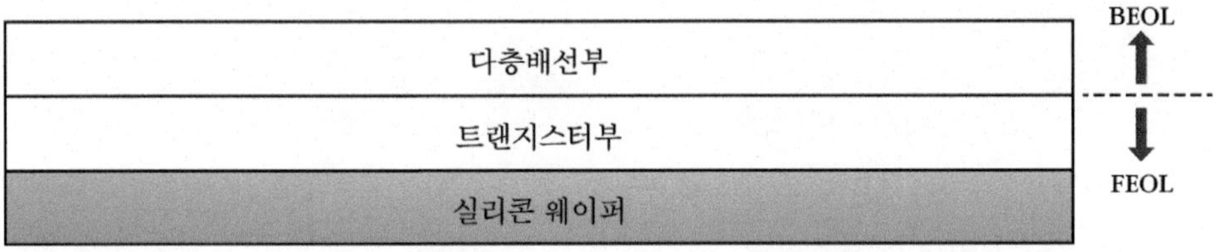

다층배선부
트랜지스터부
실리콘 웨이퍼

BEOL

FEOL

주) 위 그림은 LSI를 형성한 실리콘 웨이퍼의 단면을 도시한 것이다. 개략적으로 트랜지스터 형성 공정까지를 FEOL로, 이후 다층 배선형성 공정을 BEOL로 구분한다. 이온주입 및 그에 따른 열처리 공정은 트랜지스터 형성 공정에만 사용된다.

그림 2-1-3 Front-End와 Back-End

2-2 실리콘 웨이퍼의 용도

이 절에서는 반도체 제조장치와 실리콘 웨이퍼의 관계를 설명한다.

▒ 실리콘 웨이퍼와 반도체 제조장치

여기에서는 실리콘 웨이퍼와 반도체 제조장치의 관계에 대하여 설명하고 있지만, 이 책에서는 실리콘 웨이퍼 (이하, 간단히 웨이퍼)에 대해 상세히 설명할 여유가 없기 때문에 관심 있는 독자는 "도해 입문 알기 쉬운 최신 반도체 공정의 기본과 구조 [제 3 판]"를 참조하십시오.

웨이퍼라는 용어는 아이스크림 위를 감싼 얇은 비스켓 종류나 이유식 등을 연상할지도 모르겠지만, 본래는 "얇은 비스켓"이라는 의미(Longman 영영 사전 참조)이다.

여기에서 오해가 없도록 서술하겠지만, 반도체 팹에서 사용하는 웨이퍼는 반드시 제품이 되지는 않는다. 이것도 "도해 입문 알기 쉬운 최신 반도체 공정의 기본과 구조 [제 3 판]"의 1-9절에서 서술하였지만, 여기에서는 반도체 제조장치에서 칩 생산용 웨이퍼 이외의 웨이퍼에 대하여 설명할 것이다.

---

① 파티클(particle) 점검용 웨이퍼
② 운반점검용 웨이퍼
③ 더미(dummy) 웨이퍼(발란스용 웨이퍼도 포함)

반도체 제조장치에서 일상적으로 수행하는 용도로써, ①은 정기적으로 장비의 청정도가 정상인지 확인하기 위하여 사용한다. ②는 2-3절에서 언급하겠지만, 장치 내의 웨이퍼 취급 점검에 사용한다. 웨이퍼 취급은 다관절 다축 동작 로봇으로 수행하며 그 신뢰성 테스트에 사용한다.

장치에서 발생하는 문제 중, 웨이퍼 운반 문제가 차지하는 비율이 가장 크다. 또한 더미 웨이퍼는 배치(batch)식 장치에서 웨이퍼를 풀로드(full load) 할 때 사용한다. 구체적인 설명은 각 공정 장치에서 설명할 것이다.

물론, 이러한 제품의 웨이퍼는 사양도 다르고, 가격도 다르다. 그러나 청정도는 동일한 것이 필요하다. 또한 실제 현장에서는 장치 간의 오염 반입을 방지하기 위해 이러한 웨이퍼를 각 장치 전용으로 사용한다. 다른 장치에서 사용한 것을 사용하지는 않는다. 특히 금속증착 이전과 이후에 혼용해서는 안 된다.

참고로 실리콘 웨이퍼, 칩이 형성된 실리콘 웨이퍼, LSI칩을 그림 2-2-1에 도시하였다.

공정 전의 실리콘 웨이퍼를 베어(bare) 웨이퍼*라 부르고 있다.

(a) 베어 웨이퍼의 예   (b) 패턴형성 웨이퍼의 예   (c) LSI칩의 예

그림 2-2-1 실리콘 웨이퍼와 LSI칩의 예

다양한 실리콘 웨이퍼

실리콘 웨이퍼는 반도체 산업의 출발 물질이며, 여러 가지를 생각하게 한다. 1장에서도 언급하였지만, 반도체 회사 중에는 실리콘 웨이퍼를 자체 생산하는 기업도 있었다. 한 실험에 사용했던 웨이퍼를 실수로 손상하거나, 함부로 취급하여 질책받은 동료도 있었다고 기억한다. 당시는 웨이퍼를 담당하는 부서 직원이, 속된 말이지만 위세가 당당했다는 생각이 든다. 실리콘 웨이퍼 제작에 참가한 회사가 증가했던 시기도 있었다. 대

학의 연구실은 달랐지만 제철 회사에 취직한 잘 아는 선배를 반도체 회의에서 만나 근황을 묻자 실리콘 웨이퍼를 담당하고 있다고 하여 놀란 기억이 있다. 본문에도 언급했지만 현장에서는 오염을 방지하기 위해 실리콘 웨이퍼 취급 규칙이 상세하게 정해져 있다. 그것은 회사와 팹에서 미묘하게 다를 수도 있다. 그 규칙은 현장에서 철저하게 교육되었다고 생각하며 그 생각의 기본을 이해하는 것이 중요하다.

---

* 베어웨이퍼 ; 가공하지 않은 웨이퍼. 베어실리콘이라 부르는 경우도 있다. bare라는 단어에서 유래하였다.

2-3 웨이퍼 취급과 제조장치

전공정에서 작업 대상은 전부 웨이퍼이다. 또한 파티클(particle, 먼지 등)로 오염되기 때문에 가급적 사람이 개입하지 않는 자동화 작업이 요구된다. 그러기 위해서 제조장치는 웨이퍼 취급기능이 필요하다.

▒ 웨이퍼 취급이란?

옛날 반도체 공장에서는 생산 규모도 작고, 웨이퍼 직경도 작아, 웨이퍼를 취급하는 사람이 손으로 직접 다루는 경우가 대부분이었다. 소정의 웨이퍼를 넣을 수 있는 용기를 웨이퍼 카세트 또는 웨이퍼 케이스라고 하지만 그것에 웨이퍼를 넣는 것도 사람의 손으로 진공 핀셋을 이용하여 수행하였다. 또한 웨이퍼 카세트에서 웨이퍼 카세트에 한 번에 몇 장의 웨이퍼를 옮기는 경우에는 웨이퍼 적재 장치라고 부르는 기구를 사용하여 수행하였던 시절도 있었다. 그러나 현재 300mm의 웨이퍼를 이용하여 한 달에 몇 만장씩 생산하는 규모에서 사람의 손을 이용하는 경우는 없으며, 300mm의 웨이퍼 (아날로그 시대의 레코드 크기로 이해하면 쉬울 것이다.)를 진공 핀셋으로 취급하는 것은 불가능하다. 여담이지만 저자가 처음 일한 반도체 라인에서는 3인치 웨이퍼를 사용하였으며, 진공 핀셋이나 테프론 핀셋 등으로 용기에서 웨이퍼를 취급하는 운영자에 경악한 적이 있었다.

▒ 웨이퍼와 장치

지금까지 언급했듯이 웨이퍼의 취급은 완전히 자동으로 수행할 필요가 있다. 이야기가 앞뒤가 바뀐 것 같지만, 이것을 제조장치 및 팹 내의 웨이퍼 운반 시스템과의 인터페이스라는 측면에서 보면 2-6절의 그림 2-6-1이 그 예이다. 제조장치 및 팹 내의 웨이퍼 운반 시스템과의 인터페이스는 다양한 예가 있으며, 가장 간단한 예는 장치의 탑재 포트에 사람이 직접 웨이퍼 용기를 넣는 방법이다. 2-6절에서 설명할 FOUP에는 손잡이가 붙어 있다. 물론 2-4절에서 다루는 AGV에서 자동으로 할 수도 있다.

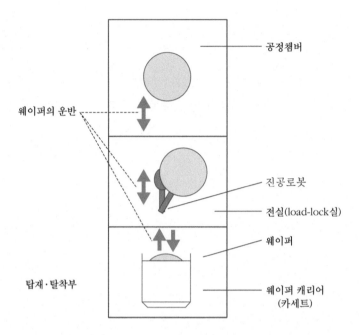

그림 2-3-1 제조장치에서 웨이퍼의 취급①

제조 장치에 들어간 후, 그림 2-3-1의 예와 같이 탑재·탈착(load·unload)부에서 전실에 진공 로봇으로 이송된다. 진공 챔버와 대기 측은 번잡함을 피하기 위하여 도시하지 않았지만 게이트 밸브로 분리되어 있다. 또한 진공 로봇을 이용하여 진공 공정 챔버*로 이송되어 그곳의 공정이 이루어진다. 이처럼 반도체 제조장치에서 사람의 손으로 웨이퍼를 이송하지는 않는다. 또한, 위의 그림은 가장 간단한 형태로 도시한 것으로 실제 제조 장치에서는 다양한 변화가 있다.

다음은 클러스터 툴(cluster tool)의 예이다. 클러스터 툴은 여러 공정 챔버를 갖는 장치이다. 클러스터 화가 진행되고 있는 것은 식각 장치 및 막제조용 플라즈마 CVD 장치, 스퍼터링(sputtering) 장치 등이다. 클러스터 툴의 등장은 다양한 원인이 있지만 다음 두 가지가 가장 클 것으로 생각된다. 하나는 대구경화에 따라 생산성의 향상이 요구되고 있어 장치 당 처리능력을 향상시키기 위해서이다. 또 다른 하나는 LSI 자체가 적층막 구조가 주류가 되고 있기 때문이다.

---

* 챔버 ; chamber.

 장치의 전면에 배치된 웨이퍼 캐리어가 놓인 탑재·탈착부에서 대기압 로봇으로 웨이퍼가 진공 탑재부를 경유하여 각각의 공정챔버에 보내지고 있다. 공정이 끝나면 역순으로 웨이퍼 캐리어에 돌아오도록 구성되어 있다. 그림 2-3-2에 이와 같은 공정을 도시하였다. 이 경우는 대기압 로봇과 진공 로봇의 두 가지가 있을 수 있다. 진공 로봇은 먼지 배출을 억제하기 위해 많은 연구가 수행되고 있다. 이러한 로봇은 다관절 다축 동작을 하는 정밀한 제어가 필요하므로 장치 제조업체가 제작하기보다는 전문 로봇회사가 제조하고 있다. 제어 인터페이스는 표준화되어 있다.

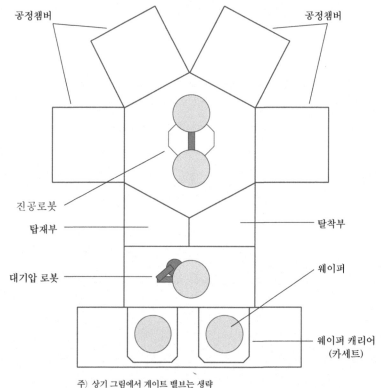

주) 상기 그림에서 게이트 밸브는 생략

그림 2-3-2 제조장치에서 웨이퍼 취급②

2-4 반도체 팹(공장)과 제조장치

여기에서는 주로 공정 수가 많은 전공정 제조장치를 설명하고자 한다. 후공정 제조장치에 대해서는 11-1절에서 설명할 것이다. 전공정 팹의 특징을 간단히 말하면 각 공정에 해당하는 전용 장치가 배치되어 있다는 것이다.

▥ 반도체 팹이란

전공정이라 불리는 실리콘 웨이퍼 상에 칩을 형성하는 공정은 물리적·화학적으로 정밀하게 제어하면서 실행한다. 전공정은 기본적으로 크게 분류하여 ① 세정, ② 이온주입·열처리, ③ 리소그래피(사진식각, lithography), ④ 식각, ⑤ 막제조, ⑥ 평탄화(CMP) 등의 6개 공정으로 조합되어 있다. 이러한 공정은 예를 들어, 이 번호 순서대로 작업을 함으로써 LSI를 제작하는 것은 아니다. 2-1절에서 언급했듯이 이러한 공정을 여러 번 반복해야만 한다. 앞에서 설명한 것처럼 전공정은 순환형 공정이다. "순환형"과 "흐름형"은 저자가 명명하는 것으로, 순환형은 예를 들어 자동차 조립공정과 같이 컨베어벨트 식으로 부품을 추가하여 조립하면서 제품이 흘러가는 방식이 아니라, 몇 가지 동일한 공정을 반복하여 제품이 완성되어가는 방식이라는 의미이다. 따라서, 위의 공정 전용장치가 각 공정별로 수 대 또는 수십 대 나란히 배치되어 있는 것이 반도체 팹의 특징이다. 이것을 베이(bay) 방식이라고 부르고 있다. 베이는 영어로 "만"을 의미하며, 반도체 제조 장치를 배에 비유하면 "만"에 떠있는 배처럼 보이기 때문에 비유된 용어로 추측된다. 따라서 동일한 공정의 제조장치는 동일한 베이에 배치되며 베이가 기본 공정에 따라 클린룸 내에 배치되어 있다. 전공정 팹의 베이 방식에 대한 배치도의 이미지를 그림 2-4-1에 도시하였다.

▥ 웨이퍼 운반으로부터 관찰한 팹

전공정의 작업 대상(워크 : work라고도 함)은 오직 실리콘 웨이퍼이다. 전공정의 메가팹 (대규모 공장)은 월 수 만장 정도의 웨이퍼를 처리한다. 그러므로 2-3절에서 언급한 사항 이외의 웨이퍼 전송이 중요하다. 웨이퍼의 운반은 웨이퍼 1매씩 수행되는 것은 물론 아니다. 전용 웨이퍼 운반 케이스에 넣어 이동한다.

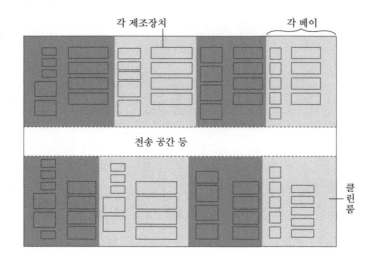

그림 2-4-1 전공정의 제조장치 배치도

웨이퍼 운반 시, 300mm 웨이퍼 25장을 넣은 케이스를 사람의 손으로 이동한다는 것은 무게*도 있기 때문에 적절치 않다. 따라서, 자동 운반시키고 있다. 이러한 자동 운반 시스템을 AMHS**라 하며 그림 2-4-1을 반복하여 도시한 것으로써 그림 2-4-2에 도시하였다. 운반은 계층화되어 있으며, 각 베이를 연결하는 운반을 베이 간(인터 베이; inter-bay) 운반이라 하고 베이 내의 각 제조장치를 연결하는 것을 베이 내(인트라 베이; intra-bay) 운반이라고 한다.

각 베이에는 각각 웨이퍼 스토커(stocker)가 설치되어 있으며, 이는 웨이퍼가 공정에 들어가기 전에 일시적으로 저장되는 장소이다. 베이 간의 운반은 OHV(Overhead Vehicle)라는 클린룸의 천장 아래에 설치된 모노레일과 같은 시스템에서 실행한다(그림 2-4-2). 또한, 베이 내 운반은 AGV(Auto-Guided Vehicle)라는 전용 시스템에서 수행된다. 이러한 운반 라인의 총 길이는 메가팹에서 수 km에서 10km 이상에 이르는 것으로 알려져 있다. 운반시스템의 제조업체는 다양한 업종에서 다수 참여하고

---

*   300mm 실리콘 웨이퍼 케이스의 무게 : 오픈 카세트에 25장의 웨이퍼를 넣으면 약 5kg, FOUP 에 25장를 넣으면 10kg 미만 정도, 450mm라면 약 25kg 정도이다. FOUP는 2-6절 참조.

** AMHS ; Automated Material Handling Systems의 약자로 웨이퍼를 자동 운반하는 시스템 전 체를 가리킨다.

있으며, LCD 패널 팹에도 응용되고 있다. 상세하게 알아보고 싶은 독자는 전용 해설서나 제조업체의 메뉴얼을 참조하길 바란다.

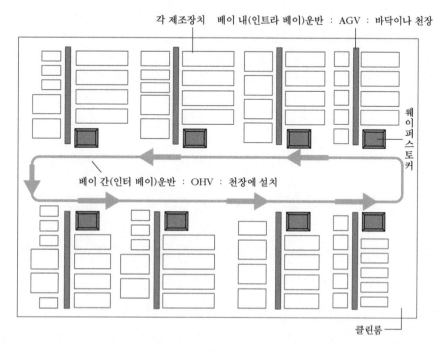

그림 2-4-2 운반 시스템의 배치도

지면상 그림 2-4-2에서는 각 베이에 수 대의 장치만 도시하였지만 실제 양산 공장에서는 리소그래피 장치나 CMP 장치 등 수십 대가 배치되어 있다. 또한 장치 대수에 비례하여 운반 시스템도 증가하게 된다. 첨단 반도체산업은 설비산업이라 할 수 있으며 이에 따른 자본력이 각 회사의 성공과 실패를 가늠하는 것이 현실이다.

---

*   AMHS의 용어 ; OHV를 OHT(Overhead Tranport)라 부르는 경우도 있다. AGV에도 여러 가지 종류가 있으므로 운반장치 제조사의 메뉴얼을 참고하시오.

2-5 클린룸과 제조장치

미세 가공에 의한 고밀도화, 고집적화를 지향하는 전공정에서는 가공 치수가 마이크론 이하 단위이기 때문에 파티클이 큰 방해가 되고 있다. 따라서 공기 중 파티클을 극단적으로 줄인 클린룸에서 수행하고 있다. 이 절에서는 클린룸과 제조장치의 관계에 대하여 설명할 것이다.

클린룸이란

전술한 바와 같이 전공정 팹의 큰 특징 중 하나는 그 청정도가 엄격하다는 것이다. 일반적으로 클래스1[*] 이상의 청정도가 요구된다. 따라서 항상 청정 공기를 공급하는 것과 클린룸 내부에서의 먼지 발생을 최소화해야 한다. 텔레비전 뉴스 등에서 반도체 공장의 모습이 방영될 때, 하얀 방진복을 입고 근무하는 모습을 볼 수 있다. 인체는 오염의 발생원이기 때문에 이를 막기 위해 방진복을 입고 작업하는 것이다.

한편 청정도를 향상시키기 위해서는 공기의 환기 횟수를 증가시켜야 하기 때문에 이에 전력을 소모하게 된다. 클린룸의 유지비용에서 차지하는 전력의 비율은 50% 이상이며, 그 전력 중 에어컨의 전력소비는 약 45%로 생산설비 전력소모의 약 35%를

---

[*]　클래스1 ; 클래스는 청정도를 나타내는 기준. 1 입방피트(약 30cm) 중의 공기에 몇 개의 파티클이 존재하고 있는지를 나타낸다. 클래스1은 파티클이 1개 수준의 청정도를 나타낸다.

상회하는 정도라고 한다. 따라서, 군더더기 없는 장비배치가 필요하다. 그림 2-5-1에 클린룸에 배치된 제조장치 및 공기 흐름을 도시하였다. 후공정의 청정도에 대해선 11-1절에서 설명할 것이다.

이처럼 클린룸의 유지에 비용이 소요되어 반도체 회사의 수익성을 압박하기 때문에 최소한의 부분만 청정도를 유지하면 된다고 생각하는 것은 매우 합리적일 것이다. 그것이 Mini-Environment(국소 청정이라고도 함)이다. 이것에 대해서는 2-6절에서 설명할 것이다.

▒ 제조장치의 청정화

이러한 클린룸에 배치되는 각 제조장치는 어떤 대책이 필요한가? 클린룸에 배치하는 것이기 때문에, 제조장치가 먼지의 발생원 (파티클의 발생원)이 되어서는 안 될 것이다. 그래서 제조장치에서의 발진은 가능한 막아야 한다.

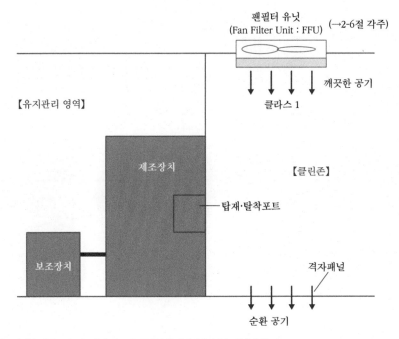

주) 바닥은 격자모양으로 되어 있으며, 공기를 통과시킨다. (다음 페이지 참조)
　　보조 기기는 진공 펌프 등이다. 2-8절을 참조하시오.

그림 2-5-1 클린룸의 기류 흐름

예를 들어 외장 페인트 등에도 생각할 것이 많이 있다. 또한, 펌프 등의 구동부를 가진 장치는 클린룸과는 별도의 장소에 놓는 경우가 대부분이다. 이 경우 같은 층에 있는 경우도 있지만, 아래층에 놓이는 경우가 대부분이다. 그림 2-5-2에 배치도를 도시하였다. 이 장소의 명칭은 다양하다. Maintenance Zone(유지관리 영역)이라든지 Distribution Zone(분배영역 ;특히 아래층의 경우)이라고 부르는 경우도 있다.

또한 클린룸의 기류(downflow*)를 방해하지 않기 위하여 제조장치는 복잡한 형상을 하지 않도록 설계되어 있다. 실제로 기류를 방해하지 않는 사각형의 덮개로 덮여있는 편이 좋을지도 모른다. 또한 플랫 인터페이스 (flat interface)라고 부르는 클린룸 내의 돌출 부분을 그림 2-5-3에 도시한 바와 같이 클린룸 벽과 동일하게 수직 형태로 설치하는 경우가 있다.

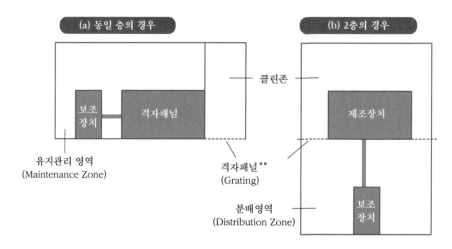

그림 2-5-2 제조장치와 보조장치의 배치도

---

*   downflow ; 클린룸 바닥 방향으로 기류가 한 방향으로 흐르기 때문에 붙여진 명칭

** Grating ; 여기에서는 바닥이 격자 모양으로 되어 있으며, 깨끗한 공기가 통과할 수 있는 구조를 가리킨다. 순환공기가 많을수록 청정도는 향상된다.

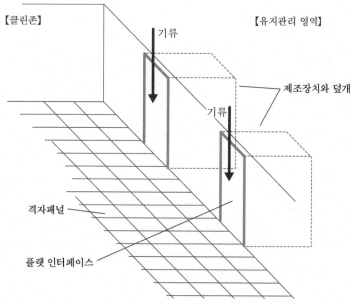

【클린존】 【유지관리 영역】

기류

제조장치와 덮개

기류

격자패널

플랫 인터페이스

바닥은 격자 패널로 깔려있으며 그 자체가 미세한 격자 모양으로 되어 있어 공기를 통과시킨다.

그림 2-5-3 제조장치와 Flush mount의 개요

2-6 Mini-Environment(국소청정)이란?

전술한 바와 같이 클린룸은 건설비와 유지비가 매우 높기 때문에, 다른 컨셉이 요구되게 되었다. 그것이 Mini-Environment이다.

▨ Mini-Environment(국소청정)이란?

짧게 "미니엔"이라 부르기도 한다. 또한 "국소청정"이라고도 한다. 전술한 바와 같이 클린룸의 건설 및 유지에 비용이 크게 소요되어 반도체 회사의 수익성을 압박하기 때문에 최소한의 부분만 청정도를 유지하면 된다고 생각하는 것은 당연하다. 그것이 국소청정이다. 1980년대부터 이와 같은 개념이 있었으며 저자도 세미콘 웨스트가 샌프란시스코 교외의 경마장에서 개최되었던 1985년경에 시연하였던 기억이 있다. 그후 국소청정화의 다양한 아이디어도 제안되었지만, 지금과 같은 국소청정화는 현실적으로 실행가능하지 않다고 알려져 있었다.

클린룸에서 가장 주의해야 할 것은 웨이퍼에 파티클이 부착되는 것이다. 그래서 개방형 웨이퍼 캐리어*를 사용하여 제조장치에 탑재·탈착할 때는, 운반 시 웨이퍼가 대기에 노출되기 때문에 이 부분을 클린화하면 된다는 것이 국소청정화의 기본적인 아이디어이다. 이것은 웨이퍼 운반에 큰 영향을 미치므로, 운반 방식을 바꾸어야 한다. 국소청정화의 클린룸 개요를 그림 2-6-1에 도시하였다. 웨이퍼 캐리어는 FOUP (Front Opened Unified Pod의 약자)라는 뚜껑이 달린 특수한 구조가 사용된다. 따라서 웨이퍼가 대기 중에 노출되지 않는다. 이를 AVG를 이용하여 장치까지 운반하고 탑재포트에 장착하고 오프너라는 기구의 뚜껑을 열어 웨이퍼 적재기에서 장치의 탑재·탈착 포트에 이송하는 것이다. 적재기는 클래스1의 FFU**가 설치되어 있기 때문에 깨끗한 환경에서 웨이퍼를 이송할 수 있다. 한편, 기타 FFU는 그 공기에 직접 웨이

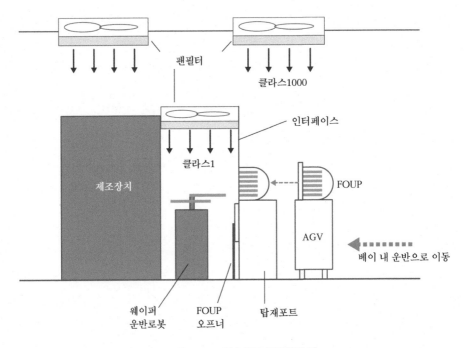

그림 2-6-1 국소청정 클린룸의 예

---

* 개방형 웨이퍼 캐리어 ; 그림 2-6-2 참조

** FFU ; Fan Filter Unit의 약자로써 공기의 청정도를 향상시키는 필터. 그림 2-5-1 참조

퍼가 노출되지 않기 때문에, 클래스1000 정도도 무난할 것이다. 그림 2-6-1에 표시한 클래스1의 영역은 다른 영역보다 양압(압력이 약간 높음)으로 되어 있으며 클린룸도 약간 양압상태로 되어 있는 것이 일반적이다.

▧ FOUP란?

이와 같이 국소청정은 클린룸 내에서 웨이퍼의 운반과 장치로의 이송을 획기적으로 바꾸는 것이었다. 게다가 300mm 웨이퍼의 등장으로 웨이퍼 캐리어 및 운반 기기의 새로운 설계가 요구되었고, 캐리어 등의 표준화를 추진할 필요가 있었기 때문에 국소청정화의 도입도 장벽이 낮아지고 있다고 생각된다. FOUP는 그 중에서 태어난 국소청정용 웨이퍼 캐리어로써 일반적으로 뚜껑으로 외부와 차단하고 장비에 장착하기 전 탑재포트에 이송되어 FOUP 오프너로 뚜껑을 열어 장치에 탑재·탈착이 가능하게 되었다. 개방형 카세트와 비교한 예를 그림 2-6-2에 도시하였다. 또한 내부에는 웨이퍼를 고정시키는 홈(slit)이 있다. 적재기는 클래스1의 깨끗한 공기의 환경으로 분리되어 있다. 뚜껑은 오프너 구멍이 있는 구조로 되어 있다. 물론 300 mm뿐만 아니라 200mm 용 FOUP도 있다.

이상 설명한 바와 같이 전용 FOUP의 사용 및 장치 앞의 탑재포트 등 웨이퍼 적재기를 설치하기 위하여 장치 이외의 새로운 비용이 소요되지만, 전체적으로 팹 운영 비용이 감소한다는 것이 국소청정의 아이디어이다.

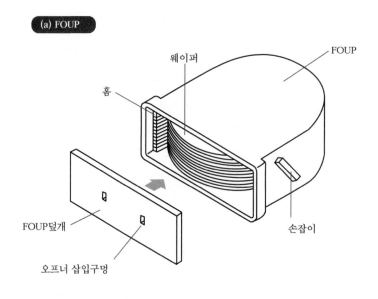

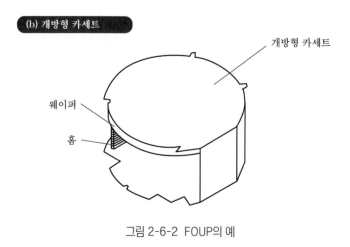

그림 2-6-2 FOUP의 예

2-7 제조장치에서 요구되는 성능

전공정, 후공정도 그 장치의 공정성능이 높아야 한다는 것은 말할 것도 없다. 다만,
양산 팹에서 사용하는 것이기 때문에, 그 외 요구되는 성능이 있다.

▒ 제조장치에서 요구되는 것은?

제조장치에는 어떤 성능·기능이 요구되는 것일까? 장치가격이 저렴(물론 성능대비 가격이지만)해야 한다는 것은 당연하지만, 그 외에도 다음과 같은 사항이 있다. 예를 들면 끝이 없지만, 반도체 제조장치에 그다지 익숙하지 않은 독자가 알아 두어야 할 것들을 저자 나름대로 설명할 것이다. 또한 장치가격은 물론, 운용비용*도 낮아야 한다는 것은 당연할 것이다.

① 공정성능

특히 웨이퍼 내에서의 균일성, 웨이퍼 간(lot 간)의 재현성이 요구된다. 그밖에 제조장치 특유의 성능, 예를 들어 식각장치라면, 선택비나 식각율** 수치가 높은 것이 필요하다. 이러한 공정성능은 전공정 장치뿐만이 아니라 후공정 장치에서도 중요하다.

② 엣지배제(Edge Exclusion) 영역이 작을 것

①에 포함해도 좋을지도 모르겠지만, 굳이 항목을 따로 정의하여 보았다. 엣지배제 영역(Edge Exclusion)에 대해서는 익숙지 않은 독자가 많다라고 생각하여, 웨이퍼 가장자리의 수 mm까지 공정의 결과를 보장할 수 있을까를 그림 2-7-1에 도시하였다. 현장에서는 "가장자리 수 mm 보증" 이라고 부르고 있다. 이것은 칩 크기의 대형화와 소형화에 관계없이, 중요한 것이다. 그림 2-7-2에 엣지배제 영역이 작은 것이 많은 칩을 생산할 수 있다는 것을 도시하고 있으며, 1장의 웨이퍼에서 많은 칩을 생산하는 것이 반도체 장치제조의 근본 원리라 할 수 있다. 무어의 법칙은 결국 이것을 말하고 있는 것이다. 이상과 같이 반도체 칩 생산의 수를 알기 위한 좋은 예로 엣지배제 영역을 선택하였다.

웨이퍼의 중간에서 좋은 결과가 나왔다고 해도, 그것이 연구 개발 단계라면 몰라도 제조 및 양산에서 허용되는 것은 아니다. 웨이퍼 1장에서 많은 칩을 생산하는 것이 기본이다.

---

* 운용비용 ; 반도체 제조를 위한 운용 유지비용
** 선택비나 식각율은 7-1절을 참조하십시오.

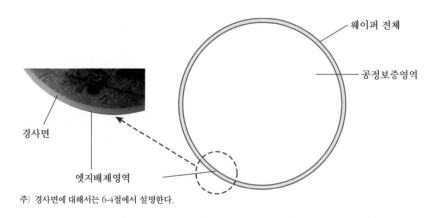

주) 경사면에 대해서는 6-4절에서 설명한다.

그림 2-7-1 엣지배재 영역의 개념

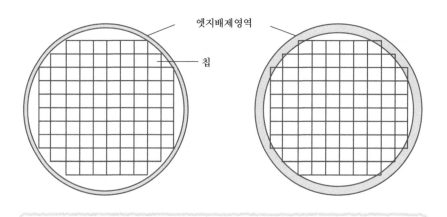

오른쪽 그림은 왼쪽의 그림보다 엣지배재 영역이 크다. 따라서 주변 칩은 생산할 수 없게 된다. 이렇게 엣지배재 영역을 감소시키는 것이 반도체 회사에서는 중요한 과제이다.

그림 2-7-2 엣지배재 영역과 칩 수율

③ 유지·보수성의 향상, 가동률 향상

2-9절에서 설명하겠지만 공정성능을 유지하기 위해 일상적인 유지·보수가 필요하다. 이 유지·보수작업의 용이성도 중요하지만 시간이 걸리지 않는 것도 필요하다. 가동률의 향상은 좁은 의미에서의 가동률 향상이 문제이며 시간 대기나 고장 등을 포함하고, 상기 유지·보수시간 및 소모부품의 교환과 그에 따른

조정시간의 단축이 요구된다. 장치를 담당하는 현장에서 가장 중요한 요소라고 할 수 있다.

④ 처리량 향상

실제 공정을 수행하는 순수 가동 상태에서 시간당 웨이퍼 처리 매수를 처리량 이라고 한다. 물론 이 숫자가 큰 것이 바람직하다. 당연히 칩 가격으로 반환될 것이다. 공정처리 방식에는 배치(batch)식과 매엽(single wafer)식이 있으며 (3-2절 참조), 그에 따라서도 달라진다.

⑤ 공간 감소

클린룸 내에서 차지하는 장치의 면적에 관한 것이다. 당연히 작은 것이 좋다고 정 해져 있다. 클린룸은 건설 및 유지에 비용이 소요되기 때문에 매우 중요한 사항이 다. 단, 장치 본체뿐만 아니라 다양한 부대시설도 있다는 것을 고려해야 한다.

⑥ CIM(Computer Integrated Manufacturing) 기능과 웨이퍼 운반시스템, 국소청정화에 대응

이에 대한 사항은 각각의 절에서 설명할 것이다.

⑦ 기타 옵션 지원

예를 들면, CMP(Chemical Mechanical Polishing) 장치나 식각장치에서 최종 검출 기능 등이 대표적인 것이다. 식각장치의 금속부식 대책 등도 그 예이다. CMP의 최종검출 기능은 9-6절에 설명할 것이다.

21세기는 환경·에너지의 시대라고도 한다. 환경 부하 저감과 에너지 절약 노력이 더욱 중요하므로 그런 의미에서, ③에 포함해서 설명할 수 있을지도 모르지만, 장치 의 운용비용의 절감이 향후 더욱 중요하게 될지도 모른다.

2-8 반도체 제조장치에 생명을 불어넣는 부대시설

전공정이라 불리는 실리콘 웨이퍼에 칩을 형성하는 공정은 물리적·화학적 반응을 세밀하게 제어하는 과정이 요구된다. 원료로는 특수 가스나 약품 등을 많이 사용하기 때문에 이를 위한 부대시설이 필요하다.

▒ 필요한 부대시설

전공정은 전술한 바와 같이 실리콘 웨이퍼에 확산층* 및 배선 그리고 층간 절연막을 제작하여 실리콘 반도체의 대규모 집적 회로 (LSI)를 제조하는 공정이다. 이를 위해서는 원료로 특수 가스나 약품 등도 많이 사용하고 있으며, 그들을 사용하여 공정을 수행하기 위한 진공 시스템과 온도제어 시스템, 가스 및 액체 공급 시스템, 그리고 안전하게 그들을 처리하기 위한 처리시설 및 폐가스, 폐수 처리도 포함된다.

이 중에서 전공정은 진공 공정이 많기 때문에, 진공에 대하여 설명해 보자. 한마디로 진공이라 해도 그 수준은 다양하며, 진공이라 할 수 없는 팬 배기를 포함해서 하나의 펌프에서부터 여러 개의 펌프를 사용하는 수준까지 있다. 팬 배기는 세정장치 및 막제조용 상압 CVD 등에서 사용되며, 1단 펌프의 배기는 에싱(Ashing) 장치, 막제조용 감압 CVD 장치 등에 사용된다. 다단 진공펌프를 필요로 하는 공정은 식각공정과 상기 언급한 공정 이외의 기상 막제조 공정, 이온주입 공정 등이 있다.

▒ 팹에 필요한 부대시설

진공 이외에도 다양한 부대시설이 필요하다. 이에 해당하는 시설을 그림 2-8-1에 도시하였다. 제조장치의 공급측에는 냉각수, 계장가스, 전력 등 장치를 작동시키기 위한 전기나 가스시설, 용액, 증류수** 등의 원자재가 필요하다. 또한 배기측에는 폐수, 폐가스 등이 배출된다.

---

* 확산층 ; 실리콘 웨이퍼에 형성한 이종 또는 동종의 불순물 농도를 변화시킨 영역. MOS 트랜지스터의 소스, 드레인, CMOS의 웰(well) 같은 것.
** 증류수 ; 불순물, 이온 등을 제거하여 저항을 $18M\Omega$ (옴) 이상으로 정제한 물.

다시 말하면 공정 장치뿐만이 아니라 그 상부에서 하부까지의 부대시설과 그것들을 동작시키기 위한 부대시설도 필요하다.

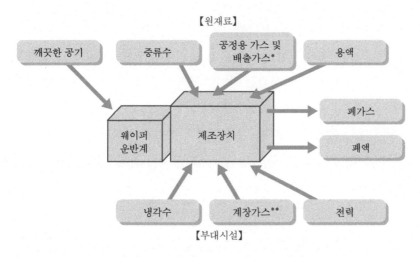

그림 2-8-1 제조장치에 필요한 부대시설

실제로 클린룸에 배치된 제조장치에 가스를 공급하고 있는 예를 그림 2-8-2에 도시하였다. 폐기물 처리시설은 별도로 필요하다. 전공정 팹을 전체적으로 보면, 가스 등은 현장 플랜트(on-site plant)라고 칭하며 공장 내에 가스공장을 설치할 수도 있다. 또한 이 그림을 살펴보면, 제조장치에 공급하는 가스는 원료가스 이외에도 다양한 것들이 있다는 것을 이해할 수 있다.

이처럼 각 부대시설은 매우 중요하며 물 등도 상당한 양을 사용하고 있다. 가스와 마찬가지로 물이라고 해도 그림 2-8-1의 냉각수처럼 청정도에 상관없는 것으로부터, 공정에서 사용하는 청정도가 중요한 순수한 물까지 다양하게 사용하고 있다. 물론 공정에서 사용하는 물은 현장 플랜트에서 증류수라 하는 불순물을 최대한 줄인 물을 사용한다. 따라서 팹의 입지 조건으로 대량의 물을 공급할 수 있는 장소가 요구되는 것이다. 다음의 증류수와 용액을 사용하는 세정공정을 예로 들어보자. 그림 2-8-3에 그

---

* 배출(purge)가스 ; 배관에서 원재료를 배출할 때 사용한다. 벤트(vent)가스라고도 한다.
** 계장가스 ; 밸브의 개폐 등에 사용한다.

과정을 도시하였다. 상부측에 있는 증류수 제조 장치에서 하부의 배수까지 다양한 부대시설이 필요한 것을 알 수 있다.

또한 다량의 증류수, 특수 가스, 용액 등을 사용한다는 것은 역시 다량의 폐수, 폐가스, 폐액이 배출된다는 것이다. 이에 해당하는 재해 대비 시설도 필요하다. 전공정 팹에서는 이러한 부대시설에 대한 부지 면적이 많은 영역을 차지하고 있는 것이 현실이다. 전공정 팹은 클린룸이 중요하다는 관념이 있지만 부대시설에 관련된 정비가 필요할 것이다.

제조장치에 대한 설명에서 부대시설에 대해 장황하게 설명하는 것은 1-1절에서도 언급되었듯이 단순히 제조장치를 도입하는 것만으로 반도체 칩을 만들 수 없다는 것을 이해하기 위해서이다.

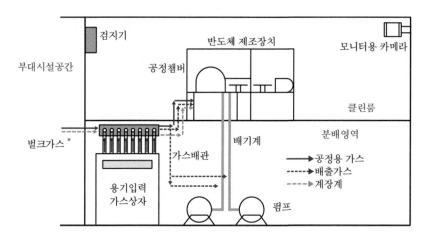

그림 2-8-2 제조장치와 가스공급

---

* 벌크가스 ; 팹에서 대량으로 사용하는 질소, 아르곤, 산소 등을 말한다. 일반적으로 현장 프랜트에서 공급한다. 캐리어가스

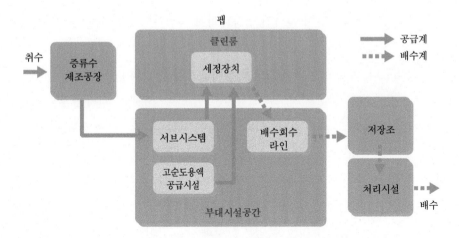

그림 2-8-3 세정장치 중심으로 도시한 부대 시설

2-9 장치의 생산능력과 팹 운영

전공정 제조장치는 생산설비 측면에서 보면 다양한 문제점이 있다. 여기에서 소개하고 싶은 것은 제조설비의 능력에 대한 균형과 실질 가동률 향상에 관한 것이다.

▨ 제조장치의 설비 능력이란?

반도체 제조장치, 특히 전공정의 설비 능력이란 시간당 몇 장의 웨이퍼를 처리할 수 있는지를 나타낸다. 이를 처리량(Throughput)이라고 부르고 있다. 예를 들어, 1시간에 50장의 웨이퍼를 처리할 수 있는 경우, 처리량은 50장인 것이다. 2-7절에서도 언급하였듯이 각 제조장치는 이 수치가 높은 것이 바람직할 것이다. 문제는 각 제조장치에는 이 수치가 각각 다양하다는 것이다. 그러므로 반도체 제조장치는 높은 전문성 있는 회사가 아니면 현실적으로는 제작할 수 없을 뿐만 아니라 공정마다 원리가다르기 때문에 당연히 처리량도 달라질 것이다.

또한 기술적으로도 분야가 광범위하기 때문에, 하나의 제조장치 회사가 모든 장치를 동일한 처리량으로 제작한다는 것은 불가능하다. 이러한 이유로 각 제조장치의 처리량은 달라질 것이다. 예를 들어 동일한 막제조 장치에서도 원리와 방식에 따라 처리량은 달라질 수 있다.

　모든 제조장치의 처리량이 같다면 생산계획에 맞추어 각각의 장치를 원하는 대수만큼 설치하면 좋겠지만, 그림 2-9-1에 도식적으로 나타낸 바와 같이 각 장치의 처리량은 각각 다르다. 예를 들어 A 장치와 F 장치같이 생산능력이 정수배 차이가 난다면 F 장치는 A 장치의 두 배로 설치하면 되겠지만, 반드시 정수배가 되지는 않을 것이다.

　여기서, 각 디바이스 공정 및 팹의 생산계획에 따라 각 제조장치를 배치하면 좋겠지만, 각 장치의 처리량이 서로 다르기 때문에 잘 균형을 맞추는 것이 중요할 것이다. 이렇게 비유하면 좋을지 모르겠지만, 역전마라톤 대회에서 한 선수가 빠르다고 승리하는 것은 아니며 또한 한 선수가 포기하면 이길 수 없게 되는 등, 모두가 평균적으로 자신의 힘을 발휘한 팀이 승리할 수 있는 상황과 같은 것이 아닐까?

　따라서 각 팹에서는 다양한 연구가 진행되고 있는 것이 현실이다. 또한 어떤 공정에 장치가 하나만 있는 경우, 장치가 고장 나면 생산이 멈추므로 반드시 복수로 설치하는 등의 대책이 필요하다. 생산능력이 갖추어진 여러 장치에서 임의 단위의 생산능력 장치군을 갖추어 소규모 라인을 구성하고, 이의 생산능력을 향상시키기 위하여, 소규모 라인을 여러 개 갖추는 것도 생각해 볼 일이다.

　후공정에서는 작업 대상물이 웨이퍼인 경우도 있고 칩이나 패키지인 경우도 있다는 점과 11-1절에서 언급하겠지만, 매 공정에서 완벽히 처리하는 흐름형의 라인으로 되어 있기 때문에 저자가 아는 한, 이런 종류의 문제점은 들어보지 못하였다.

▨ 제조장치의 가동율

　업계 뉴스에서는 가동율 회복이나 가동율 축소라든가 여러 소식이 자주 들려오지만 그것은 시황에 따른 가동율이다. 여기서 말하는 가동율은 생산기술 용어로서 제조장치가 생산에 기여하는 비율을 가동율이라 정의한다. 반도체 제조장치의 가동율은 당연히 높은 것이 좋겠지만 공정 장치에서 고장 등으로 인한 가동중지 시간도 있고, 정기적인 유지보수도 필요하며 로트(lot) 대기나 운반 등에 소요되는 시간도 있을 것이다. 정기적인 유지보수를 얼마나 효율적으로 행하고 가동중지 시간을 줄일 것인가는 라인 관리자의 역할이다. 또한 팹 운영에서 로트 대기 등의 대기 시간을 줄이기 위한 생산계획이 필요할 것이다.

　이상 제조장치로 제조라인을 구성할 때의 과제와 가동률 등 기존의 입문서에서는 언급하고 있지 않기 때문에 실상을 알리기 위하여 간단하게 소개하였다. 여기서 언급된 문제들에 대해서 최고의 해답이 있다기보다는 각 반도체 회사가 더 나은 해답을 찾아 시행착오를 겪는 것이 가장 현실적이라고 생각한다.

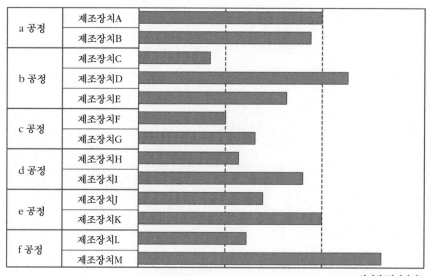

처리량(임의단위)

그림 2-9-1 장치의 생산능력 비교

2-10 제조장치의 생산관리

지금까지 언급한 바와 같이 반도체 팹에 클린룸을 건설하고 유지하는데 많은 비용이 소요된다. 또한 제조장치의 구입, 유지에 많은 비용이 소요되므로 수익성을 향상시키려면 팹에서 제조장치의 효율적인 사용이 바람직하다.

▒ 생산관리란?

생산관리는 제조공정과 함께 팹에서 매우 중요한 사항이다. 반도체 팹 전체에 관련된 이야기는 폭넓게 다루었으므로 이 절에서는 제조장치에 관한 기본적인 사항만을 설명할 것이다.

2-4절에서 언급한 바와 같이 반도체 팹에 나란히 늘어선 제조장치들을 효율적으로

운용하기 위하여 어떻게 하면 좋을까? 손으로 노트에 기록하면서 관리하는 사람은 거의 없을 것이다. 틀림없이 컴퓨터로 관리하고 있을 것이라고 생각하는 사람이 많지 않을까? 가장 단순한 모델은 호스트 집중 시스템이며 그림 2-10-1에 도시한 바와 같이 각 제조장치가 호스트 컴퓨터 (Host Computer)에 연결되어 있다. 이 그림에는 표시하지 않았지만, 호스트 컴퓨터는 제조장치에 연결되어 있을 뿐만이 아니라, 라인 전체 생산설비의 현황 표시, 유지관리 계획, 생산계획 등을 표시하고 있다. 물론, 제조장치의 통신기능은 규격화·표준화되어 있다.

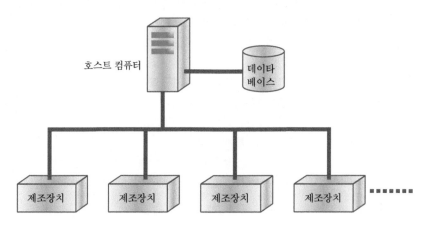

그림 2-10-1 제조장치의 관리

또한 수율 관리시스템[*](YMS : Yield Management System)으로 결함 제어기술 및 공정관리기술을 체계화하고 있다. 이러한 시스템을 CIM[**]이라고 한다. 이것이 반도체 생산기술의 기본인 것이다.

---

* 수율 관리시스템 ; 10-10절 참조
** CIM ; Computer Integrated Manufacturing의 약자. 컴퓨터통합생산으로 번역할 수 있지만 반도체 업체에서는 CIM을 '심'이라 부르고 있다.

▒ AEC/APC

반도체 업계의 관심사에는 AEC/APC가 있다. 이것은 Advanced Equipment Control/Advanced Process Control의 약자로, 반도체 제조장치 및 반도체 제조공정의 고급 제어에 관한 것이다. AEC 및 APC, YMS 등을 통합하여 보다 지능적으로 관리하여 비용절감을 목표로 국제적으로 협력하려는 움직임을 보이고 있다. IoT 시대를 맞아 발전이 기대된다.

▒ 장치의 표준화

전술한 바와 같이 제조장치의 통신기능은 규격화·표준화되어 있으며 그 이외에도 그림 2-10-2에 도시한 바와 같이, 특히 운반 등은 표준화가 진행되고 있다. 표준화 과정은 300 mm 화로 단번에 진행되었다고 생각한다.

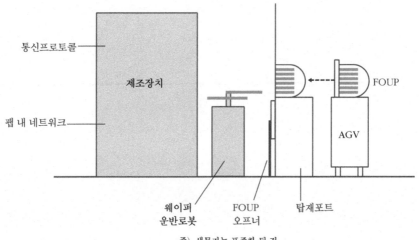

주) 색문자는 표준화 된 것.

그림 2-10-2 제조장치와 관련된 표준화

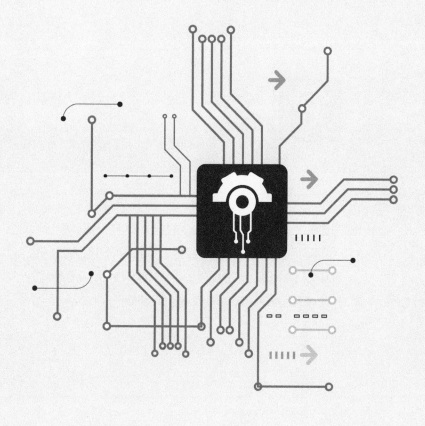

CHAPTER **3**

세정·건조장치

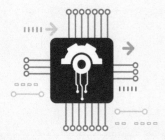

이 장에서는 세정·건조 장치에 대하여 설명할 것이다. 전공정에서 웨이퍼는 각 공정 장치에서 다음 장치로 이동할 때 반드시 세정·건조를 시행하여야 하기 때문에 전공정 중에서 가장 많이 사용하는 장치라고 할 수 있다. 세정장치에 들어가면 웨이퍼는 반드시 건조시킨 상태에서 세정장치로부터 꺼내야 하므로 건조장치에 대해서도 설명할 것이다.

3-1 세정·건조장치란?

세정·건조는 각 공정의 전후에 반드시 수행하는 공정이다. 다양한 세정에 대응할 수 있는 것이 중요하며 처리량이 큰 장치가 바람직할 것이다. 우선 세정·건조장치를 개략적으로 설명할 것이다.

▦ 세정장치의 개요

세정장치에 필요한 구성요소는 그림 3-1-1과 같다. 이들도 나중에 언급하겠지만 각각의 세정·건조 장치가 상이할 수 있다.

① 처리계	용액조, 세수(린스)조, 건조 단계 (그림에서는 Dry)	→ 배치식의 경우	
	스프레이 & 회전 단계 등	→ 매엽식의 경우	
② 공급계	용액 · 증류수 공급장치, 건조공기 공급장치 등		
③ 제어계	용액 농도, 온도, 파티클 등		
④ 운반계	웨이퍼, 웨이퍼 케리어, 케리어리스 운반 등		
⑤ 기타	공조 시스템 등		

예를 들어, 배치(batch)식 및 매엽식은 전혀 다르다. 여기에서 배치식이란 웨이퍼를 여러 장 한꺼번에 공정을 수행하는 방식이며, 매엽식은 웨이퍼를 1장씩 공정을 실행하는 방식이다. 세정·건조 공정에서는 두 방식의 제조장치가 있으나, 리소그래피 공정에서는 거의 매엽식을 사용한다. 이와 같은 내용을 각 장에서 설명할 것이다.

또한 건조입력·건조출력(dry-in·dry-out)의 원칙에 의하여 세정 후에는 반드시 웨이퍼를 건조하여 장치에서 꺼낸다. 따라서 세정장치와 건조장치는 일체형이다. 그 이유는 웨이퍼를 수분이 함유된 상태로 두면 표면에서 산화가 진행되기 때문이다. 또한 눈으로 보이지 않는 물방울이 남아 워터마크*의 원인이 되기 때문이다.

이러한 구성요소와 기타 공정장치의 공통점과 차이점을 그림 3-1-2 정리하였다. 용액이나 증류수를 사용할 때, 폐액이 나온다는 의미에서 9장 CMP 장치와 공통점이 있다.

---

* 워터마크 ; 실리콘 표면에 공기와 물방울이 붙은 상태에서 고체·액체·기체의 삼상 계면에서 불완전한 실리콘 산화가 발생하여 형성되는 것으로 알려져 있다.

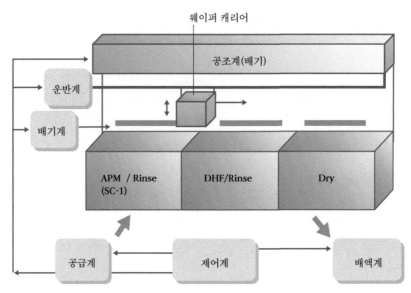

주) 약자에 대해선 그림 3-4-2를 참조

그림 3-1-1 세정·건조장치의 구성요소-단조(Single tank)식 배치 세정장치의 예

구성요소		내용	다른 공정장치와의 비교
처리계		폐액 처리가 필요	CMP 장치와의 유사성
공급계		다수의 용액공급	상동
제어계		온도, 농도, 파티클 관리 등이 중요	현상장치와의 유사성
반송계	배치식	50매 웨이퍼의 배치식 운반	종형로(열처리·감압CVD)와 유사성
	매엽식	매엽식 운반	다른 매엽식 장치와의 유사성

그림 3-1-2 기타 공정장치와의 비교

▤ 세정·건조장치의 개요

세정장치는 진공 시스템과 가스공급 시스템을 필요로 하는 막제조 장치 등과 비교하면 진입 장벽이 낮기 때문에 많은 제조회사가 존재했던 적도 있었다. 역사적으로도 반도체의 여명기에는 완전 수동 작업으로 흄후드(hume hood) 내에서 비이커와 약품을 이용하여 세정하고 물로 씻어낸 후, 질소를 분사하여 건조하는 시대가 있었다. 그

후, 이 수작업을 대체하기 위하여 반도체 회사에서 세정장치를 자체 제작해 온 시대도 있었다.

웨이퍼가 대구경화 되면서 자동화가 필요하게 되었으며 제조장치 회사가 세정장치 (일부는 자체 제작하는 움직임도 있었지만)를 공급하게 되었다. 또한 세정의 가치 상승(단조식 등) 및 고성능·신세정 장치(매엽식, 드라이 등) 등의 요구가 증대되어 완전히 장치제조업체가 주로 공급하게 되었다. 특히 300mm로 변경되면서 웨이퍼 운반 및 세정공정의 자동화가 불가피하게 되었으며 전문 장비제조업체에게 의존하는 상황이 되었다. 더욱이 300mm화로 인하여 개발 비용의 상승을 초래하면서 상위 제조장치 회사밖에 참가할 수 없게 되었다는 견해도 있다. 1장을 참조하시오.

현장에서는 세정장치를 습식 스테이션(wet station)이나 습식 벤치(wet bench) 등으로 부르는 경우도 있다. WS, WB 등으로 간략히 사용하는 경우도 있을 거라고 생각하지만, 그것은 약자를 사용하는 것이다. 매엽식에서는 스핀공정이라고 칭하는 경우도 있다. 배치식, 매엽식에 대해서는 나중에 설명할 것이다.

컬럼

장치회사의 역사 탐구

본문에서도 설명하였지만, 세정장치를 반도체회사에서 자체 제조하여 사용하는 시기가 있었다. 더 이전으로 거슬러 올라가면 반도체 산업이 부흥할 무렵은 반도체 공정용 제조장치라고 칭하지 않고, 반도체 회사에서 다양한 제조장치를 자체 제작하고 있었던 시대도 있었다. 그 무렵은 반도체 제조장치 회사의 현장 서비스 담당자도 장치의 장애대응 등으로 클린룸에 들어갈 때, 자체 제조된 장비는 절대 볼 수 없도록 했다는 사례도 있었다고 들었다. 그중에는 현재 톱클라스 반도체 제조장치 회사와 제10장에서 소개하는 검사·측정·분석 장치 메이커가 된 회사도 있다. 또 한편으로는 자체 제조를 멈춰버렸기 때문에 묻혀 버린 기술도 있다고 생각한다. 자신이 담당하는 각 장치제조업체의 역사 등을 추적하면 또 다른 재미가 있을지도 모른다.

3-2 세정장치의 분류

세정장치에는 다양한 방법이 사용되기 때문에, 이 절에서는 일반적인 세정장치의 분류에 대하여 설명한다.

▨ 일반적인 세정장치의 분류

　세정장치는 특수한 광학 및 진공 시스템을 필요로 하는 것은 아니며, 극단적으로 말하자면 용액과 증류수만 있으면(물론, 배기, 배수 등의 최소한의 부대시설이 필요하지만) 세정할 수 있다. 따라서 전술한 바와 같이 반도체 제조업체가 수동식이나 반자동식 세정장치를 자체 제작했던 시대도 있었다. 그러나 웨이퍼의 대구경화가 진행되면서 장치도 대형화되고 운반시스템 등의 부하가 커져 전문 제조장치 회사가 생산하게 되었다.

　가장 일반적인 분류는 웨이퍼의 처리방법에 따라 배치식(반배치식도 포함)과 매엽식으로 나누는 것이다. 그것을 그림 3-2-1에 도시하였다. 배치식 및 매엽식에서 딜레마에 빠진 것은 그림 3-2-2과 같이 처리량(단위 시간에 몇 장의 웨이퍼를 처리할 수 있는지를 의미함)의 증가와 장치의 소형화(설치면적의 감소)을 실현하는 것이다.

그림 3-2-1 세정장치의 분류

　기술적인 문제보다 반도체 회사나 그 팹 자체의 사정도 관계가 있다. 예를 들어 클린룸 내에서 배치를 선택할 수 있는 자유 등이다. 비교적 넓은 클린룸을 사용할 수 있다면, 배치식 세정장치를 선택할 수 있다. 좁은 경우는 단조식 배치장치 또는 매엽식를 선택할 수 있다. 다만, 2장에서 언급했듯이 클린룸을 건설하고 유지하는데 많은 비용이 소요되므로 300mm화에 의해 거대화된 배치식 세정장치는 바닥 면적이나 배기

용량을 수용할 수 있어야 하기 때문에 그 균형이 과제이다. 또한 그림 3-2-2에 도시한 바와 같이 QTAT* 라인용으로는 매엽식를 선택하는 등의 사정도 있다. 이 모든 상황은 2-9절에서 언급했듯이 장치의 생산 능력을 유지하고, 납기를 단축하는 등의 목적이 있다.

▒ 방법론으로 분류한 세정장치

또 다른 분류는 방법론에 의한 것이다. 일반적으로 습식처리에 의한 것과 건식처리에 의한 것의 두 그룹으로 구분할 수 있다. 다만, 현실적으로는 대부분 습식처리의 세정장치가 현장에서 가동되고 있는 추세이다. 이전에는 HF 증기 세정장치가 사용되었으나 단순히 순수하게 건조세정으로도 충분하다는 등 다양한 견해가 있다. UV 세정장치는 오히려 LCD 패널의 어레이공정** 등에서 많이 사용하고 있다. 건식세정에 대해서는 3-5절에서 다시 설명할 것이다.

		설치 면적	처리량	용액등 사용량	가격	비고
배치 다조식		✕	○	✕	✕	처리량이 우수 캐리어리스(carrierless)화가 진행
배 치 단 조 식	Dip식	△	○	△	△	특정공정에 도입추진
	스프레이식	○	○	○	○	용액 순환시스템이 복잡해진다.
	매엽식	○	△~✕	○	○	QTAT라인 등에 적합가게 사용 가능

그림 3-2-2 세정장치의 비교

---

* QTAT ; Quick Turnaround Time의 약자. 빠른 납품이라는 의미로 사용한다. TAT라는 용어에 짧은 의미의 Quick을 붙인 것으로 Q-TAT로 표기할 수 있다. 현장에서는 큐탓이라고 부르기도 한다.

** 어레이공정(array process) ; 액정을 온·오프시키는 TFT (3-5의 각주 참조)의 활성화 매트릭스를 형성하는 공정

3-3 배치식 세정장치

세정·건조공정은 전공정 중에서도 매우 횟수가 많은 공정이다. 그래서 웨이퍼 1장당 소요 시간을 줄일 수 있어야 한다. 여기서 강점을 발휘하는 것이 배치식 세정장치이다.

▒ 배치식 세정장치란?

배치식이란 웨이퍼 여러 장을 한꺼번에 처리하는 공정이다. 처리 매수는 웨이퍼를 수납하는 캐리어와 처리실의 크기에 따라 결정된다. 세정장치는 캐리어에 수납할 수 있는 매수로 정해진다. 일반적으로 25장과 50장용이 있다. 많은 웨이퍼를 일괄적으로 처리할 수 있다는 것은 그만큼 칩의 비용절감에 직결되기 때문에 세정 횟수가 많은 공정에 유리하다.

그러나 장비 운용이라는 측면에서 문제점도 있다. 그중 하나는 배치식 세정장치는 탑재·탈착부에서 전용 웨이퍼 캐리어를 이용하여 운반할 필요가 있으며 이것은 2-4절에서 설명한 바와 같이 국소청정용 FOUP나 개방형 카세트에서도 가로로 배치되기 때문이다. 웨이퍼는 세정조에 수직으로 담글 필요가 있기 때문에, 가로방향에서 세로방향으로 바꿀 필요가 있는 것이다. 이것은 처리량 향상을 저해하는 요인이 된다.

두 번째 주의사항은 웨이퍼 캐리어가 세정액이 묻은 상태에서 다음의 증류수 세정 공정으로 이동되며, 이때 용액을 완전히 제거하려면 세정시간이 상당히 소요될 뿐만이 아니라 용액의 사용량도 300mm 웨이퍼 캐리어가 들어가는 수조라면 매우 많아질 것이다. 이에 대응하기 위하여 전용 웨이퍼 운반로봇을 이용하여 캐리어가 필요 없는 세정기가 개발되고 있다. 캐리어가 필요 없는 세정기에서의 웨이퍼 운반을 그림 3-3-1에 도시하였다. 어째든 전용캐리어에 옮겨야 한다면 캐리어가 없는 세정장치가 더욱 유리할 것이다. 배치식 다조(multi-tank) 세정기는 그림 3-3-2와 같이 구성되며 이것의 장점은

---

① 처리량이 많으며
② 세정의 순서로 세정탱크·린스탱크를 배치할 수 있다.

등이지만 다음과 같은 문제점도 있다.

① 장치의 대형화가 불가피하다. → 클린룸의 부하가 크다.

② 용액·증류수의 사용량이 많다.

③ 웨이퍼를 용액 탱크에서 꺼낼 때, 공기와 용액간의 계면을 횡단한다[*].

그러나 단조식(single-tank)을 이용하면 이 문제의 일부는 피할 수 있다.

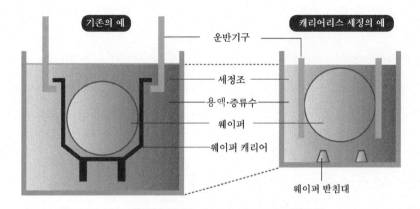

그림 3-3-1 캐리어리스 세정장치의 캐리어

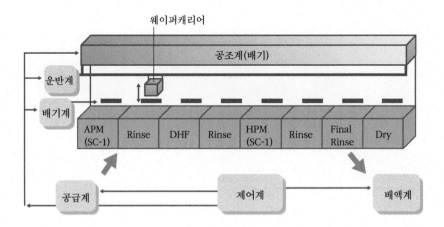

그림 3-3-2 다조식(multi-tank) 배치 세정장치의 구성

---

[*] 횡단한다. ;일반적으로 파티클 부착 기회가 늘어나는 것으로 알려져 있다.

▓ 다조식과 단조식

배치식에는 다조식과 단조식이 있다. 다조식은 말 그대로 용액·린스탱크가 세정공정의 순서에 따라 줄지어 배치된 것이다. 따라서 그림 3-3-2과 같이 용액 탱크, 린스 탱크의 숫자가 증가하므로, 장치가 대형화하는 것이 문제지만 배치식의 장점을 크게 발휘할 수 있다는 것이 특징이다. 장치가 대형화되면서 클린룸 바닥면적을 차지하는 비율도 크고, 공조(배기) 에어컨의 부하도 크기 때문에, 반도체 클린룸을 새롭게 설계할 때, 세정·건조장치의 사양 및 수량을 먼저 결정한 경험이 저자에게도 있다. 단조식은 그림 3-3-3과 같이 용액 탱크와 린스 탱크조가 각각 하나씩이므로, 장치의 대형화에 따른 문제를 해결할 수 있지만, 용액 등의 공급·배수를 매번 시행할 필요가 있으므로 용액의 비용이 증가하게 된다. 배치식의 장점을 충분히 살릴 수 있다고는 할 수 없지만, 클린룸 바닥면적을 고려해서 사용하는 경우가 있다. 그러나 전술한 바와 같이, 용액과 증류수를 그때마다 공급하기 때문에 웨이퍼가 탱크에 출입시, 웨이퍼가 공기와 용액사이를 횡단하는 문제는 피할 수 있다.

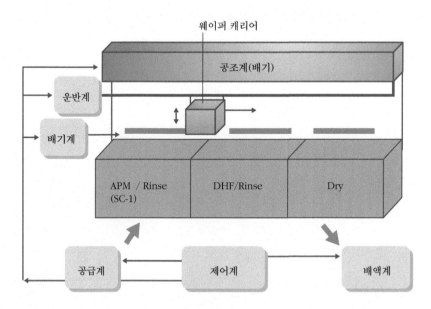

그림 3-3-3 단조식 배치 세정장치의 모형

3-4 매엽식 세정장치

배치식 세정장치의 처리능력은 우수하지만, 웨이퍼가 300mm로 대구경화 되면서 장치가 대형화되는 문제가 발생한다. 그래서 매엽식 세정장치가 주목을 받고 있다.

▒ 매엽식 세정장치란?

배치식에 대응하여 웨이퍼를 한장 한장 처리해가는 방법을 매엽식이라고 한다. 그림 3-4-1에 그 형태를 도시하였다. 장치의 구성요소는 배치식과 동일하다. 세정장치 뿐만이 아니라 웨이퍼의 직경이 200mm 정도부터 배치식 장치를 대치하면서, 매엽식 장치가 증가하였다. 이것은 웨이퍼 직경이 커짐에 따라 공정처리 결과, 웨이퍼 내의 균일성이 나빠지는 것에 대한 대책이었다. 또한 공정의 결과뿐만 아니라 메모리와 같은 칩을 대량생산하는 메가팹에서는 배치식의 장점을 살릴 수 있지만, ASIC* 같은 주문형 LSI를 소량 다품종 생산하려면 배치식의 장점을 살릴 수 없게 된 측면도 있다.

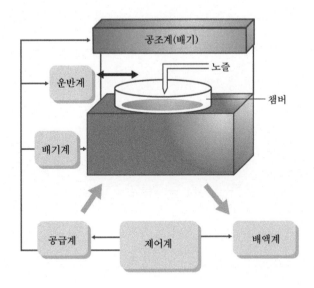

그림 3-4-1 매엽식 세정장치의 모형

---

* ASIC ; Application Specific Integrated Circuit의 약자이며 특정 용도의 IC로써 여러 회로를 조합하여 만든다.

또한, 3-2절에서 언급한 QTAT 라인 등에 매엽식을 채택하는 움직임도 있다. 단, 1장당 소요 시간, 즉 단위 시간에 몇 장의 웨이퍼를 처리할 수 있는지를 일컫는 처리량에서 배치식에 비해 단점이 있다. 장점으로는

> ① 처리조의 용액을 통한 파티클이나 오염의 전이가 없다.
> ② 브러시나 초음파 등의 기능을 부착하기 쉽다.
> ③ 공간 절약이 가능 → 클린룸의 부하가 작다. (배기 용량)
> ④ 기타 공정 장치와 일체화가 가능하다.
> ⑥ 처리의 유연성이 높다.

등을 들 수 있다. 반대로 단점은

> ① 용액 등의 순환이 복잡하다.
> ② 용액의 회수, 농도 제어가 어렵다.
> ③ 웨이퍼의 청결제어 모니터링

등이 있다.

배치식 장치에서는 용액 탱크와 증류수 탱크에 웨이퍼를 담그는 형식이지만, 매엽식 장치는 그림 3-4-1과 같이 용액과 증류수를 노즐에서 분사하는 스프레이 형식이다. 또한, 순서에 의하여 매엽식에서도 반드시 노즐에서 증류수를 스프레이하여 이전 처리 용액을 세정한 후, 다음의 용액을 살포한다. 배치식에서 발생하는 웨이퍼 캐리어의 교환문제는 사라지게 된다. 그림 3-4-2를 참조하시오.

▒ 매엽식 건조장치

물론, 건조장치도 세정장치에 대응하여 설치한다. 매엽식 세정장치의 경우, 건조는 배치식에서 사용되는 IPA*건조가 아닌 스핀건조라는 방법이 주류를 이룬다. 이에 대해서는 3-6절에서 비교 설명할 것이다.

---

* IPA ; iso-Propyl Alcohol의 약자.

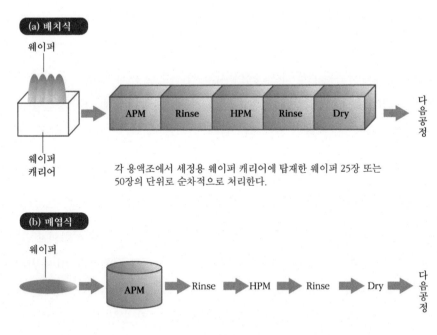

그림 3-4-2 배치식과 매엽식 순서의 비교

또한 3-3절과 3-4절에서 세정공정의 종류와 순서를 설명하였다. 이 책에서 설명하진 않았지만 그림 3-4-2에 표기한 약자 등을 "도해 입문 알기 쉬운 최신 반도체 공정의 기본과 구조 [제 3 판] "의 3장을 참조하시오.

지금까지의 세정순서는 RCA* 세정의 예에서 볼 수 있다. 이것은 1960년대에 RCA사의 Kern과 Puotinen 의해 제안된 것이다.

APM(NH₄OH/H₂O₂/H₂O) : 암모니아 / 과산화수소수

HPM(HCl/H₂O₂/H₂O) : 염산 / 과산화수소수

DHF(Dilute HF) : 희불산

---

* RCA ; Radio Corporation of America의 약자로, 미국을 대표하는 전자회사. 현재는 GE에 인수되었다.

3-5 새로운 세정장치

환경문제와 에너지문제 관점에서 세정장치의 에너지 및 용액 절약 등의 과제 해결
이 요구되고 있다. 그 하나의 해답이 건식세정으로써, 이 절에서 세 가지 방법을 소개
한다.

▒ HF 증기 세정

이전부터 진행되어 온 일종의 건식세정이다. 구체적으로는 실리콘 웨이퍼의 표면
과 비아홀(via hole) 등의 자연 산화막의 제거 등에 사용된다. 전자는 산화와 CVD를
이용한 막제조에 후자는 스퍼터링에 의한 막제조의 전처리로 수행된다. 이 방법에서
는 챔버에 무수 불화수소 (anhydrous HF) 가스와 H_2O 가스를 주입한다. 이러한 가스
에 의해 웨이퍼 표면에서 HF와 H_2O의 응축층이 형성되고 자연 산화막이 희불산에 의
하여 식각하는 것과 같은 작용으로 제거된다. 결국 반응성 생물에 존재하는 SiF_4가 추
가 H_2O와 함께 기화되기 때문에 물자국이 없어 워터마크가 발생하지 않으며, 베어 실
리콘 웨이퍼 표면의 수소 종단*이 가능하다는 장점이 있지만 현재 시판되지 않는다.

▒ UV/오존 세정장치

최근에는 UV 조사에 의한 건식세정도 주목받고 있다. 이것은 파장 300nm 이하의
UV(자외선) 빛을 오존(O_3) 분위기 하에서 웨이퍼에 조사하는 것으로, 건식공정에서
는 진공시스템 등 대대적인 부대설비가 필요하지 않기 때문에 최근 많이 사용하고 있
다. 유기오염 제거에 효과가 있으며, 반도체 공정보다는 TFT** 공정에서 마감용으로
사용하고 있다. 그림 3-5-1에 개략도를 도시하였다.

---

* 수소 종단 ; 실리콘 표면에 실리콘 원자의 결합손이 남아있는 상태 (불포화 결합 ; Dangling
bond)이므로 수소원자를 결합시켜 안정된 상태로 만드는 것.

** TFT ; Thin Film Transistor의 약자로 박막 트랜지스터라고도 한다. 액정 디스플레이 (LCD)를
구동하는 역할을 한다.

▥ 극저온 에어졸 세정장치

이것은 아르곤 가스를 극저온으로 하여 아르곤 얼음입자로 만들고 이것을 노즐에서 웨이퍼에 분사하여 물리적인 작용으로 세정하는 것이다. 아이디어는 상당히 전부터 있었으며 용액을 사용하지 않기 때문에 환경 부하의 저감에 효과가 있다. 아르곤 얼음입자는 웨이퍼 상에서 가열되어 기화한다. 그림 3-5-2에 그 개요를 도시하였다.

그림에서는 편의상 한 개의 노즐만 그렸지만, 시판되고 있는 장치에서는 웨이퍼 전체를 커버하는 노즐(한 개의 막대기에 많은 구멍이 열려있는 형상)에서 분출하여 효율성을 향상시키고 있지만 처리량이 다소 염려되고 있다. 또한 지면 사정상 소개할 수 없지만, CO_2의 임계 상태를 이용한 세정 방법을 생각할 수 있으나, 상용 장비로는 아직 구현되지 않았다. 다만, 이러한 건식 세정장치 단독으로 모든 세정공정에 적용하는 것이 충분히 효과가 있을지는 현재로서는 의문이다.

또한 세정장치로 취급하여야 하는 것은 아니지만, 8-5절에서 설명하는 스퍼터 식각은 건식세정의 일종이라고 할 수 있다. 이것은 역 스퍼터링이라고도 한다. 8-5절을 참조하시오.

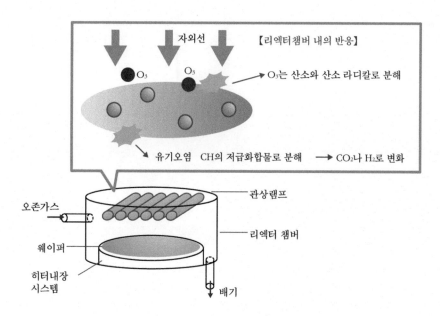

그림 3-5-1 UV/오존의 세정장치의 개요

▓ 팹에서 사용하는 여러 가지 세정장치

이 책에서는 반도체 제조장치에 대하여 설명하고 있으므로 웨이퍼의 세정장치에 대하여 구성하였지만 팹뿐만이 아니라 각종 제조장치에 사용되는 공구 및 웨이퍼 카세트 등의 세정장치도 필요하다.

그 중에서도 큰 세정장치는 핫웰(hot wall)형의 막제조 장치 및 열처리 장치의 석영로(노심 관)를 세정하는 노심관 세정장치이다. 이에 대하여 5-2절과 8-4절에서 약간 설명할 것이니 참고하시오.

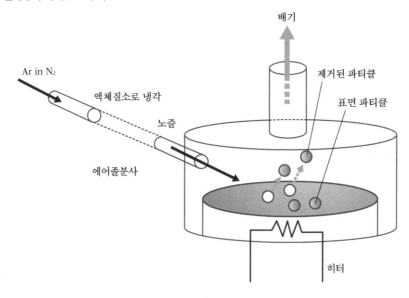

그림 3-5-2 극저온 에어졸입자 세정장치의 개요

3-6 세정 후 빼놓을 수 없는 건조장치

건조입력·건조출력(dry-in·dry-out)의 원칙으로 세정 후에는 반드시 웨이퍼를 건조하여 장치 밖으로 꺼내야 한다. 따라서 세정장치 및 건조장치는 일체형이 되어야 한다. 세정 후에는 반드시 건조를 거쳐 장치에서 출력되는 것이다.

▦ 어떤 건조장치가 있는가?

먼저 IPA 건조 방법이 있었지만, 그 외 건조공정에는 다양한 방법이 있다. 그림 3-6-1에 정리해 놓았듯이 각각 장단점이 있다. 이전부터 널리 행해지고 있는 방법은 스핀 건조(스핀 드라이로도 알려져 있다)와 IPA 건조이다. 마란고니(Marangoni) 건조에 대해서는 다음 절에서 설명할 것이다.

▦ 스핀 건조방식

스핀 건조방식은 웨이퍼를 전용 카세트에 넣고 고속으로 회전시킴으로써 수분을 날려 보내는 방식이다. 이 방식은 매엽식이나 배치식에서 함께 사용하고 있다. 매엽식의 경우 웨이퍼 1 장을 고속으로 회전시켜 그 원심력으로 수분을 제거한다. 배치식의 경우는 웨이퍼 캐리어마다 (매수가 부족한 경우는 균형 웨이퍼*를 넣는다) 고속 회전시킨다. 세탁기의 탈수 건조기와 비슷한 개념이다. 이 방법은 회전할 때 발생하는 원심력과 웨이퍼 표면 근처에서 발생하는 기류의 흐름을 이용하여 건조시키는 것이다. 회전 부분이 많기 때문에 그 부분이 발진원이 될 수 있으며, 또한 정전기가 발생하는 것이 문제이다. 정전기는 상술한 바와 같이 파티클을 부착시키는 요인이 된다.

▦ IPA 건조 방식

IPA 건조는 웨이퍼 표면의 수분을 휘발성 IPA 증기로 치환하여 건조시키는 방식이다. 이 경우 웨이퍼를 고속 회전시키는 기능도 불필요하여 정전기 문제도 제거할 수 있지만, IPA는 인화성 유기 용제를 사용한다는 점이 문제이다. 매엽식 스핀 건조

---

* 균형 웨이퍼 ; 더미 웨이퍼의 일종

장치와 IPA 건조기의 개념도를 그림 3-6-2에 도시하였다.

방법	메커니즘	장점	해결 과제
스핀건조	웨이퍼를 고속회전하여 수분 제거	장치구조가 간단하여 저가 처리량이 큼	조건의 최적화 정전기 가동부 존재
IPA 건조	수분을 IPA 기화로 치환	패턴부에 유리	인화성약품 사용 유기물 잔류
마란고니 건조	증류수에서 IPA증기 내로 순간적으로 웨이퍼를 잡아당김	IPA 사용량 제어 워터마크 저감	처리량이 적다 유기물 잔류

그림 3-6-1 주요 건조방식의 비교

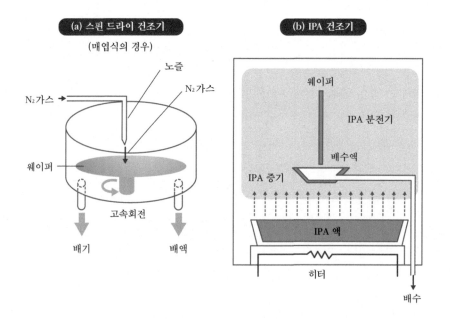

그림 3-6-2 건조장치의 개념도

3-7 개발이 진행되는 새로운 건조장치

건조공정도 친환경의 관점에서 검토되고 있으며 에너지 절약의 건조공정이 주목받고 있다. 특히 유기물인 IPA 사용량을 절감하려는 노력이 이루어지고 있다.

▒ 마란고니 장치의 요소

마란고니(Marangoni) 건조는 마란고니 효과[*]를 이용하기 때문에 이와 같이 명명하고 있다. 이것은 웨이퍼를 세정하는 증류수 탱크에서 IPA와 질소가 분사되는 동안 순간적으로 잡아당겨 그 때 발생하는 마란고니 흐름에서 수분을 제거하는 것이다. 그림 3-7-1에 마란고니 건조를 도시하였다. IPA 건조는 물론 IPA를 이용하지만, 마란고니 건조는 IPA 건조와 비교하면 IPA의 사용량이 적다는 장점이 있다. 1990년대 후반에 유럽의 장치제조 회사가 고안하여 시장에 출시한 방법이다. 그림에서는 편의상 웨이퍼를 1장 밖에 도시하지 않았으나 마란고니 건조는 배치식으로써 장점을 발휘하는 건조방식이라고 할 수 있다.

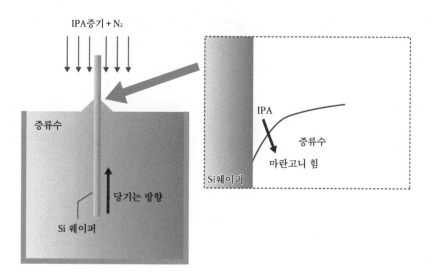

그림 3-7-1 마란고니 건조장치의 개요

---

[*] 마란고니 효과 ; 표면장력의 구배에 의해 발생하는 힘. 그에 따른 흐름을 마란고니 흐름이라 한다.

▓ 로타고니 장치의 구성요소

로타고니(Rotagoni) 건조도 유럽에서 고안된 건조법이다. 이것은 매엽식 스핀건조
와 마란고니 건조의 장점을 이용하였다. 그 메커니즘을 그림 3-7-2에 도시하였다. 그
림에서도 알 수 있듯이 매엽식 스핀건조 장치에서 웨이퍼를 고속 회전시키면서 스핀
건조를 실시한다. 이때 증류수와 IPA 증기를 노즐에서 분사하면 IPA 증기가 웨이퍼
바깥 방향으로 향하도록 하는 방법이다. 이처럼 로타고니 건조는 매엽식이다. 이때
웨이퍼 바깥 둘레 방향으로 마란고니 효과가 발생하기 때문에, 마란고니 건조가 동시
에 이루어진다. 여기에서 스핀건조도 병용하면, IPA의 사용량도 마란고니 건조보다
억제된다고 할 수 있다. 사견이지만, 환경·에너지의 관점에서 앞으로 더욱 친환경적
인 건조 방법이 필요하다고 생각한다.

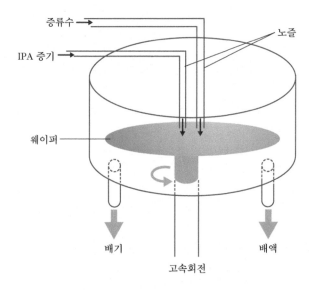

그림 3-7-2 로타고니 건조장치의 개요

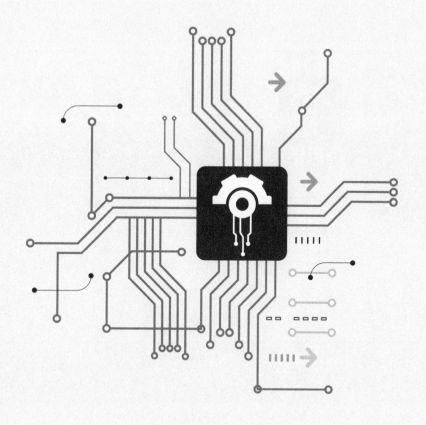

CHAPTER **4**

이온주입 장치

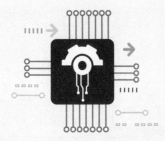

이 장에서는 실리콘 반도체 트랜지스터로 동작시키기 위하여 실리콘 기판에 n형 영역과 p형 영역을 제작하는 이온주입 장치에 대해서 설명한다. 또한, 이온주입 장치 이외의 불순물 도핑장치를 설명한다.

4-1 이온주입 장치란?

실리콘 반도체는 진성 영역* 또는 동일한 형태의 불순물 영역만으로는 트랜지스터로 동작하지 않는다. 동작하기 위하여 실리콘 기판에 n형 영역 및 p형 영역을 제작할 필요가 있다. 이를 담당하는 것이 이온주입 장치이다.

▒ 이온주입이란?

이전에는 어떻게 불순물을 주입시켰을까? 예전에는 확산 방법을 이용하였다. 구체적으로 예를 들면, n형 불순물인 P(인)을 포함한 막을 웨이퍼에 형성한 후, 실리콘 결정 중에 고상(solid phase) 확산하는 방법이다. 첨단 반도체 공정에서는 사용하지 않지만, 결정질 태양전지에서 n형 영역을 형성하는 데 사용하고 있다. 이온주입은 용어 그대로 불순물 원자를 이온화하고 충분한 가속에너지를 주어, 실리콘 결정에 부딪쳐 주입시키는 방법이다. 이 방법은 실리콘 단결정에 부딪쳐 주입시키기 때문에, 5장에서 설명하겠지만 결정 회복을 위한 열처리과정이 필요하다. 즉, 이온주입과 결정 회복을 위한 열처리는 두 공정이 하나의 공정으로 이루어진다. 단, 장치 자체는 각각 전혀 다른 것이므로 이 책에서는 장을 나누어 설명할 것이다.

이온주입되는 영역의 실리콘 두께는 300mm 직경의 웨이퍼에서는 극히 표면의 영역이다. 깊이도 $1 \sim 2 \mu m$ 정도이다. 이온주입 후 결정 회복 처리도 그 영역에서 수행된다. 실제 이온주입은 레지스트 마스크를 통해 필요한 영역에서만 수행한다. 레지스트 마스크의 형성에 대해서는 6장에서 설명할 것이다.

▒ 이온주입 장치의 구성 요소

이온주입 장치의 개요를 그림 4-1-1에 도시하였다. 이온주입 장치는 크게 이온소스 물질, 질량 분리부, 가속부, 빔 주사부 및 이온 주입실로 구성된다. 간단히 설명하면, 이온소스 불순물의 가스분자에 전자를 충돌시켜 원하는 이온을 생성시키며, 질량 분리부에서는 불필요한 이온(예를 들어 원하는 불순물 이외의 이온과 다가 이온 등)을

---

* 진성영역 : 실리콘 결정 중에 임의로 불순물을 첨가하지 않은 상태와 그 영역을 말한다.

전기장과 자기장의 작용을 이용하여 제거하고, 필요한 이온만을 방출하는 부분으로 질량 분석기의 원리와 동일하다. 다가 이온이란 예를 들어, P(인) 이온은 1가의 P^+와 2가의 P^{++}도 존재하는 것을 의미한다.

일반적으로 1가 이온을 이용한다. 가속기에서는 이온을 실리콘에 부딪쳐 주입시킬 정도의 에너지를 얻기 위하여 고전압을 인가한다. 빔 주사부는 이온빔을 성형하여 웨이퍼 전체에 부딪쳐 주입시키기 위하여 빔을 스캔하는 기능을 가지고 있다. 이온 주입실은 웨이퍼를 탑재한 디스크 플레이트(그림에는 생략)가 삽입되어 있으며, 여기에서 웨이퍼에 이온이 주입되고 있는 것이다.

이상과 같이 이온상태로 웨이퍼에 조사하기 때문에, 이온주입 장치는 고진공이 필요하며, 그 사양을 충족시키기 위하여 진공펌프가 사용된다. 이 중 이온소스에 대해서는 다음 절에서 설명할 것이다. 또한 빔 주사방법도 다양한 발전의 역사가 있으므로 4-3절에서 설명할 것이다.

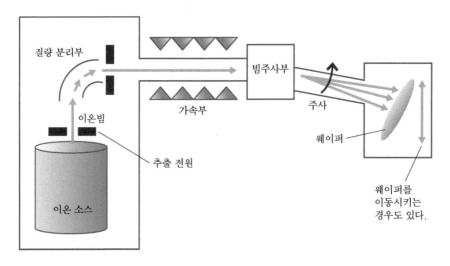

그림 4-1-1 이온주입장치의 개요

이온주입 장치는 위의 그림에서는 도시하지 않았지만, 상술한 바와 같이 고진공 시스템이 필요하고, 이온의 질량 분리부와 가속부, 빔 주사부 등 반도체 전공정 중에서도 복잡한 장치이다. 따라서 장치 자체도 크고 무게가 있으며 물론 가격도 고가이다. 또한, 불순물(impurity)은 실리콘과 다른 원소라는 의미로 사용되는 것이며, 고순도의 원소를 주입하고 있다.

4-2 이온 소스

이온주입 장치의 기반이 되는 것은 역시 이온 소스(ion source)이다. 이 절에서 그들에 대하여 설명할 것이며 이하부터는 이온 소스라고 칭할 것이다.

▦ 이온 재료 가스란?

실리콘 반도체에서 n형 불순물로 이용되는 원소는 인(P) 또는 비소(As) 등이며 p형 불순물로 주로 사용되는 것은 붕소(B)이다. 괄호 안은 원소 기호를 나타낸다. 붕소는 보론(Boron)이라고 부르기도 한다. 원료 가스는 수소화 가스를 사용하는 것이 일반적이다. 각각 PH_3 (phosphine ; 포스핀), AsH_3 (arsine ; 아르신), B_2H_6(diborane ; 디보란) 등을 사용한다. 모두 고압가스 보안법에서 독성가스로 분류되어 관리·취급 등이 엄격히 규정되어 있는 가스이므로 취급에 충분히 주의를 기울일 필요가 있다. 이온 주입용으로는 특수 형태로 안전을 생각한 가스통[*]이 사용된다.

▦ 프리먼(Freeman) 형 이온 소스

이온 소스에 대해 간략하게 소개한다. 10장에서 FIB(Focused Ion Beam : 집속 이온빔)라는 이온을 이용하는 장치를 설명하겠지만, 그 이온 소스는 특정 이온을 발생시키는 이온 소스로 이온주입 장치와는 구별된다. 이온주입의 경우, n형 또는 p형에서 이용하는 불순물 이온이 다르고, 동일한 불순물의 형태라도 다른 이온을 사용하는 경우가 있다.

무엇보다 고전적인 프리먼형 이온 소스는 기본적으로 열 필라멘트에서 발생한 열전자가 원료 가스와 충돌하여 이온을 발생시키는 것이다. 그림 4-2-1에 개략도를 도시하였다. 단, 고전류화나 이온 소스의 장수명화가 요구됨에 따라 다음의 이온 소스

---

[*] 가스통 ; 막제조와 식각 등에서 사용하고 있는 봄베(bombe) 형상이 아니라 작은 병 모양의 것. 이전에는 고체 증발원을 이용하는 경우도 있었다.

로 바뀌고 있다.

▒ 바나스(Vanasse) 형 이온 소스

바나스형 이온 소스의 개략도를 그림 4-2-2에 도시하였다. 필라멘트를 나선모양이며, 필라멘트의 반대편에 반사판이 형성되어 있다. 이때 필라멘트에서 발생하는 열전자와 반사경에서의 이차 전자가 더해져 높은 아크 전류를 얻을 수 있다. 따라서 4-4절에서 언급할 고전류형에 이용하게 되었다. 또한 중간 전류, 고에너지 형으로도 이용되고 있다.

이온 소스는 수명이 중요하다. 특히, 필라멘트의 손상을 감소시킬 필요가 있다. 커버를 필라멘트에 붙이는 등의 연구가 이루어지고 있다. 그러나 필라멘트는 수명이 한정되어 있어 이온 소스는 소모품이라고 여겨진다.

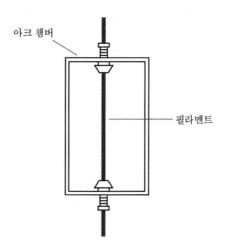

그림 4-2-1 프리면형 이온 소스의 개략도

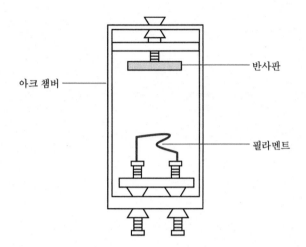

그림 4-2-2 바나스형 이온 소스의 개략도

4-3 웨이퍼와 이온주입 장치

이온주입 장치에 웨이퍼의 탑재·탈착은 다른 장치와 마찬가지로 2-6절에서 설명한 방식으로 진행되며 부연 설명하진 않을 것이다. 그러나 이온빔을 스캔하기 때문에 다른 장치에는 없는 문제가 발생한다.

▨ 이온주입 장치에서의 웨이퍼 스캔

이온빔은 크게 할 수 없으므로 웨이퍼 전체에 이온주입을 위해서는 전술한 바와 같이, 빔을 웨이퍼에 스캔하거나 웨이퍼를 빔에 스캔하는 등 둘 중 하나를 수행하여야 한다. 앞의 방법으로는 래스터(raster) 스캔하는 방법이 알려져 있었다. 이것은 전자선의 주사에 사용되는 방법으로 브라운관이나 주사 전자현미경 (소위 SEM) 등에 응용되어 온 방법이다. 이러한 래스터 스캔은 빔을 일정한 방향으로 반복 주사하는 방법이므로 웨이퍼 중심과 주변에서 주입 각도의 차이가 발생한다. 특히 웨이퍼가 대구경화되면서 웨이퍼의 균일성이 악화되는 문제가 현저하게 발생한다. 따라서 현재는 거의 사용하지 않는다. 대신, 빔을 일정한 방향으로 스캔하고 빔에 대해 웨이퍼를 직각 형태로 스캔하는 하이브리드(hybrid) 스캔 방법이 이용되고 있다.

양자의 차이점을 그림 4-3-1에 도시하였다.

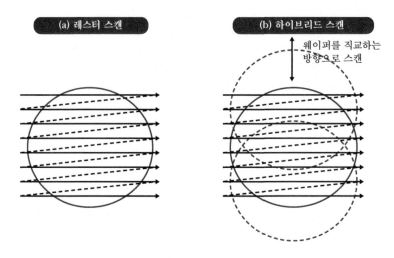

그림 4-3-1 이온빔의 주사방식

▦ 웨이퍼 스캔형 장치의 문제점

웨이퍼를 스캔하면서 공정을 수행하는 것은 웨이퍼 1장당 처리 시간이 길어진다는 것을 의미한다. 이것은 웨이퍼 1장을 일괄적으로 또는 여러 장을 일괄적으로 처리할 수 있는 세정·건조나 막제조, 식각, CMP 등과 크게 차이가 있다. 그림 4-3-2에 각 처리방식에 대한 비교를 도시하였다. 일괄처리형 장치는 웨이퍼가 대구경화되면 처리

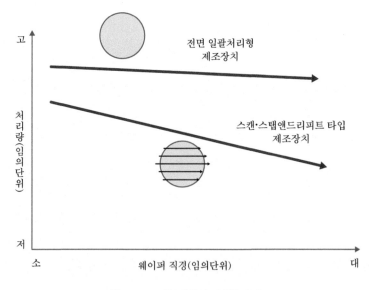

그림 4-3-2 제조장치의 처리량의 비교

량이 약간 저하되지만, 이온주입 장치와 같이 스캔형 제조장치의 처리량은 웨이퍼의 면적에 반비례하는 경향이 있다. 동일한 문제를 가진 공정은 리소그래피에서 스텝·앤드·리피트식 (step and repeat)이라는 스캔형의 노광장치, 열처리용 레이저어닐링 장치 등이 있다. 그러나 이것은 원리상 어쩔 수 없을 것이다. 1장당 스캔 속도를 높이는 수밖에 없다. 2-9절에서 각 제조장치의 처리 능력에 차이가 나는 것을 설명하였으며 이것이 그 원인의 하나가 되고 있다.

4-4 CMOS를 만드는 이온주입 장치

이온주입은 다양한 공정에서 사용된다. 이 절에서는 이온주입 장치의 분류와 그것이 어떻게 사용되는지를 CMOS 공정을 예로 들어 설명할 것이다.

▒ 다양한 확산층으로 형성되는 CMOS

한마디로 확산층(불순물을 형성한 영역으로써 불순물 층이라고도 하지만, 이 장에서는 확산층이라고 할 것이다.)이라 하여도 n형, p형의 차이는 물론, 그 깊이와 불순물 농도가 상이하다. 실리콘 트랜지스터의 원리 및 동작을 설명하지 않으면 이해하기 어려우므로 여기에서는 그림 4-4-1에 도시한 CMOS 논리 트랜지스터의 예로 설명한다. CMOS*는 그림 4-4-1과 같이 n형 트랜지스터와 p형 트랜지스터가 함께 만들어져 있다. 이 중, 소스와 드레인은 확산층이며, 게이트는 트랜지스터의 동작 스위치와 같은 것이다. 이들이 모여 트랜지스터의 기능을 하는 것이다. 또한 n 채널** 트랜지스터 및 p 채널 트랜지스터를 함께 만들어야 하기 때문에, 웰(well)이라는 영역이 형성되어 있다. 이것은 실리콘 기판을 n형 또는 p형으로 선택하면 두 유형의 채널을 형성하기 위하여 기판의 형태와 반대 형태의 불순물 공간이 필요하기 때문이다. 현재는 그림과 같이 두 형태의 웰을 형성하는 트윈웰(twin well) 방식을 주로 사용한다.

---

* CMOS ; Complementary Metal Oxide Semiconductor의 약자로 그림과 같이 n형, p형 트랜지스터가 각각 부하가 되도록 형성되기 때문에 소비전력을 절약할 수 있다.

** 채널 (channel) ; 소스-드레인 사이의 전류가 흐르는 통로

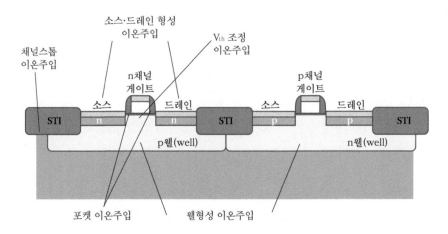

그림 4-4-1 CMOS에서 사용되는 이온 주입 기술

"웰(well)"은 "우물"의 의미로 실리콘 웨이퍼에 포함된 불순물과 다른 형태 그리고 동일 형태의 불순물 확산층을 형성한다. 그 외에도 게이트를 온-오프할 때의 전압(게이트 문턱전압)을 조정하는 임계값 조정 이온주입(V_{th} 조정이라고도 함)을 게이트 아래에 시행한다. 또한 게이트 주변에 이온을 주입시키는 포켓(pocket) 이온주입, STI*로 그림 중에 기록한 소자 분리 영역에 이온을 주입시키는 채널스톱(channel stop) 이온주입 등 다양한 이온주입 공정이 있다. 그림에서는 n 채널 측에 설명을 표기하였지만, 물론, p 채널 측에도 이온 주입한다. 불필요한 영역에 이온을 주입하지 않도록 하려면 6장에서 설명하는 리소그래피 기술에 의한 레지스트 마스크(resist mask)를 형성한다.

▦ 가속 에너지 및 빔 전류가 다른 이온주입 장치

이러한 확산층·이온주입 영역은 불순물의 농도와 확산 깊이 (접합 깊이)가 다르다. 이는 이온주입 장치의 가속 에너지로 확산층 깊이를, 이온빔 전류(이온의 도즈(dose) 량에 해당. 도즈는 주입한다는 의미)에서 불순물 농도를 제어한다. 예를 들어, 웰은 접합이 깊기 때문에 충분한 가속 에너지가 필요하고 소스·드레인은 트랜지스터의 구

---

* STI ; 페이지 230의 각주 참조

동을 위해 고농도의 불순물이 필요하다. 각각에 적합한 전용장비가 있으며, 크게 나누어 고에너지, 고전류(고농도 이온주입), 중전류(중도즈라고도 함)의 세가지로 분류할 수 있다. 그 기준을 그림 4-4-2에 도시하였다. 고에너지가 웰에, 고전류가 소스·드레인에 그리고 중전류가 기타 다른 영역에 사용되고 있다.

특히 미세화에 부응하기 위하여, 고전류에서 저에너지의 이온주입이 소스, 드레인 영역에 사용된다. 그림 4-4-3에 각각의 이온주입 공정의 가속 에너지와 이온 도즈량의 기준을 도시하였다. 이러한 기준으로 그림 4-4-2와 비교하시오. 이 절에서 설명한 트윈웰형 CMOS는 이온주입 기술 없이는 형성할 수 없다고 해도 과언이 아니다.

▒ 기타 이온주입

이와 같이 이온주입은 Front-end 반도제 공정에서는 매우 중요한 공정이다. 참고로 CMOS에 한정되진 않지만, 폴리실리콘의 저항값을 낮추기 위하여 폴리실리콘에 이온주입을 수행하거나 컨택(contact) 영역에서 확산층과 금속 메탈 사이의 접촉저항을 감소시키기 위한 컨택 이온주입 등이 있으나 이 책에서는 생략한다.

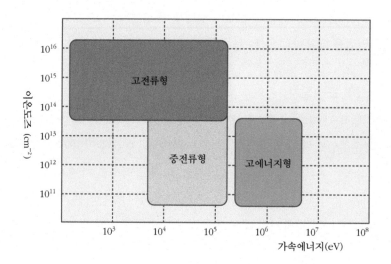

그림 4-4-2 다양한 이온주입장치

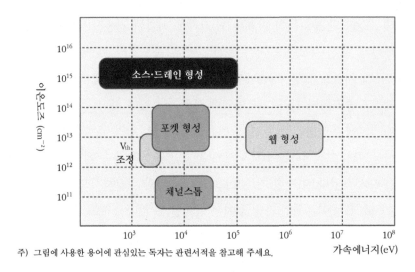

주) 그림에 사용한 용어에 관심있는 독자는 관련서적을 참고해 주세요.

그림 4-4-3 다양한 이온주입 공정의 에너지와 도즈량

4-5 이온주입을 대체하는 기술이란?

이온주입법은 반도체 공정에서 이미 정립된 공정이지만, 장치가 대규모이기 때문에, 이온주입법을 대체할 수 있는 불순물 도핑 기술이 있을 수 있다.

▒ 플라즈마 도핑장치

이온주입법을 대체하는 불순물 도핑 기술로는 역사적으로 다양한 방법이 제안되어 왔다. 이온주입법의 개선이라는 점에서 클러스터 이온주입법이나 그것을 진화시킨 가스 클러스터 이온 주입법 등도 있었지만, 이것도 역시 장치는 대규모이다.

여기에서는 장치의 구성에서 이온 소스를 사용하지 않는다는 의미에서 간편하게 구성되는 플라즈마 도핑장치와 레이저 도핑장치에 대해서 설명한다.

플라즈마 도핑장치의 개념은 이전부터 있었다. 8장에서 취급하는 막제조용 플라즈마 CVD 법이나 7장에서 다루는 식각법도 플라즈마를 이용하는 공정이다. 그림 4-5-1에 플라즈마 도핑장치의 개요를 도시하였다. 기본적으로는 7장 건식식각 장치와 8-6절에 설명할 플라즈마 CVD 장치와 마찬가지로 챔버를 진공으로 하고, 고주파 방전을 이용하여 도핑 시키고 싶은 불순물 가스를 분리, 이온화하고 실리콘 웨이퍼에

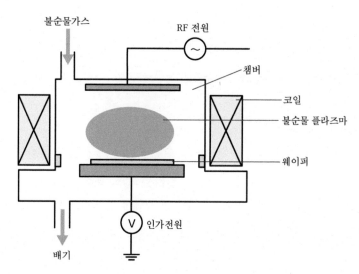

불순물가스

RF 전원

챔버

코일

불순물 플라즈마

웨이퍼

인가전원

배기

주) 그림에는 생략하였지만 각 인가전원은 챔버에 대하여 절연되어 있다.

그림 4-5-1 플라즈마 도핑장치 개념도

도핑 시키는 장치이다. 이때, 그림과 같이 웨이퍼 측에 음의 바이어스 전압을 인가하여 불순물 이온이 도핑되는 것이다. 또한 코일이 설치되어 있다는 것은 고밀도의 플라즈마를 발생시키기 위한 것이다. 고밀도 플라즈마에 관한 설명은 7-6절에 설명할 것이니 참고하십시오.

  이 장치의 특징은 이온주입 장치와 비교하면 대규모 고진공 시스템이 불필요하며, 이온의 가속 기능도 불필요하기 때문에, 장치 가격이 저가라는 장점이 있다. 또한 이온빔을 이용하지 않기 때문에 평면뿐만이 아니라 측면에도 도핑할 수 있다. 최근 핀(fin)구조* 등의 3차원 구조 트랜지스터에 대한 소스·드레인의 형성에 사용하려는 시도도 있다. 핀구조는 그림 4-5-2에 도시하였듯이 게이트 전극과 소스·드레인이 3차원적 구조를 가지는 것이다. 이온주입 장치에 밀려 일단 사라지고 있는 플라즈마 도핑장치의 응용이 부활하게 되면 재미있을 것 같다. 다만, 지금까지의 설명에서 알

---

* 핀구조 ; 게이트을 소스, 드레인에 대해 3차원적으로 덮는 구조로 게이트의 제어능력을 향상시켜 트랜지스터의 미세화에 대응하는 구조. 트랜지스터 미세화의 한계에 도전하는 기술로 사용되고 있다.

수 있듯이 이온을 가속시키는 것은 아니기 때문에 원하는 도핑깊이는 기대할 수 없을 것이다. 어디까지나 초박막 접합의 소스·드레인 형성에 주로 사용될 것이다. 초박막 접합에 대해서는 5-3절을 참조하십시오.

▓ 레이저 도핑장치

기본적으로는 다음 장에서 설명할 레이저를 이용한 열처리 장치의 응용이다. 그림 4-5-3에 장치의 개요를 도시하였다. 도핑하고 싶은 불순물 가스를 감압 챔버에 주입시키고, 자외선 레이저를 조사하여 실리콘 표면을 용융시키면서 도핑 시키는 공정이다. 레이저 광을 원하는 웨이퍼 영역에 조사하여 그 부분에 도핑 할 수 있다. 물론 레지스트 마스크는 사용할 수 없을 것이다. 이 기술도 실리콘이 용융되는 영역만 도핑되기 때문에 도핑 깊이는 기대할 수 없다. 플라즈마 도핑과 마찬가지로 어디까지나 초박막 접합 형성을 위하여 사용될 것을 기대하고 있다.

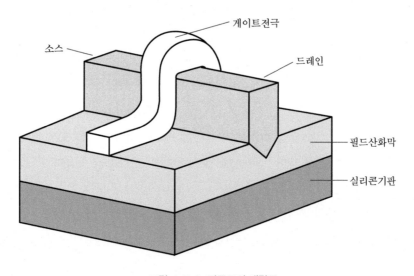

그림 4-5-2 핀구조의 개략도

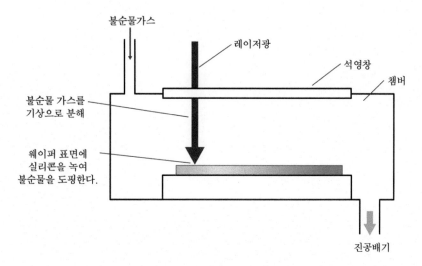

그림 4-5-3 레이저 도핑장치의 개략도

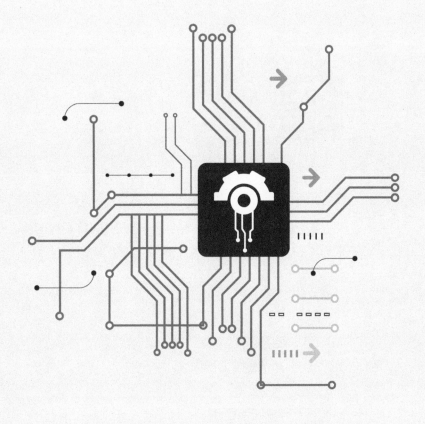

CHAPTER **5**

열처리 장치

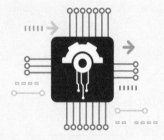

이 장에서는 이온주입 후 결정 회복을 위한 열처리 장치에 대해서 설명한다. 또한 최근 레이저 어닐링 장치와 사용하고 있는 레이저에 대해서도 설명할 것이다.

5-1 열처리 장치란?

앞 장에서 언급한 바와 같이 이온을 가속시켜 주입시키는 공정이기 때문에, 이온주입 후 그 충격으로 실리콘의 결정성이 깨진다. 따라서 결정성 회복이 필요하다. 그러므로 무시할 수 없는 것이 결정회복 열처리 장치이다.

▒ 결정회복 열처리 장치란?

단결정 실리콘에 이온이 주입되면, 실리콘 결정격자가 이온의 충격에 의해 흐트러지게 된다. 또한 주입된 불순물 원자도 실리콘 결정격자에 치환되는 것은 아니다. 불순물 이온이 실리콘 결정격자에 치환된다는 것은 그림 5-1-1과 같은 상태를 일컫는다. 이 상태가 처음 불순물이 실리콘에 도핑 되었다고 말할 수 있다. 또한 이를 활성화 되었다고도 말한다. 결정회복을 위하여 실리콘 원자와 불순물 원자가 열에 의해 실리콘 단결정 내에서 이동하여 실리콘의 격자점에 들어갈 필요가 있다. 이것을 고상 확산이라고 한다. 거기에는 충분한 온도와 시간이 필요하며 이를 수행하는 것이 열처리 장치이다. 이 모델을 그림 5-1-2에 도시하였다.

열처리 장치는 다양하게 분류되고 있다. 우선 배치식 또는 매엽식과 같이 웨이퍼 처리 매수에 따른 분류 방법이 있다. 또한 열처리 방법에 따라 크게 나누면 세 가지로 분류된다. 하나는 석영 반응기를 이용하여 그 외부에서 열을 가하는 핫웰(hot well) 방식 장치이다. 이 방식은 배치식이다. 다음은 실리콘 결정이 흡수할 수 있는 적외선 램프로 조사하여 가열하는 RTA(Rapid Thermal Annealing)*법이 있다. 또한 불순물이 주입된 실리콘의 표면에 레이저 광을 조사하여 실리콘을 용융 가열하는 레이저 어닐링법이 있다. 이 두가지는 매엽식이다. RTA는 적외선(800nm이상의 파장)을 발산하는 램프(할로겐 램프 등)를 사용하며 실리콘은 적외선을 쉽게 흡수하기 때문에 웨이퍼 전체에서 흡수하여 온도가 쉽게 상승하는 장점이 있다. 그래서 Rapid라는 이름이 붙어 있는 것이다.

---

* RTA ; RTP(Rapid Thermal Process)라 하기도 한다.

▓ 열처리 장치의 구성요소

다른 공정 장치와 기본적으로 동일하다. 차이점은 가열 시스템 및 온도 모니터링 기능을 갖는 것이다. 가열 시스템은 장치가 배치식과 매엽식이 전혀 다르다. 오히려 가열 방식으로 장치가 나누어져 있다고 해도 과언이 아니다. 여기에서는 가열 방식에 따라 분류한 다음, 장치를 설명할 것이다. 반도체 공정에서는 그 밖에도 다양한 열처리 공정이 있는데, 사용하는 장치는 동일한 장치이다.

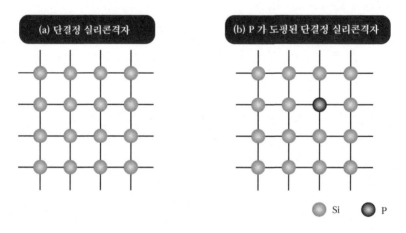

그림 5-1-1 실리콘 격자에 불순물이 도핑되는 예

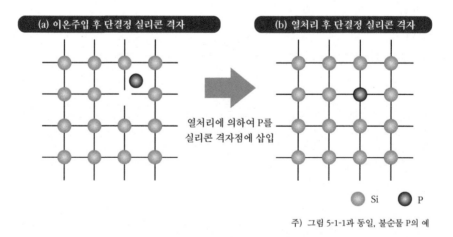

주) 그림 5-1-1과 동일, 불순물 P의 예

그림 5-1-2 이온주입 후와 열처리 후의 실리콘 결정

5-2 긴 역사가 있는 배치식 열처리 장치

이 절에서는 대량 열처리가 가능한 핫웰형 열처리 장치에 대하여 설명한다.

▒ 배치식 열처리 장치란?

원래 확산층의 형성은 실리콘 웨이퍼 표면에 불순물을 포함한 막을 증착한 후, 열처리를 이용하여 고상 확산으로 수행하고 있었다. 따라서 열처리 자체는 옛날부터 존재했던 방법이다. 핫웰형*은 8장 막제조 장치에서 설명하는 핫웰형 감압 CVD 장치와 동일한 구성이다. 물론, 막을 형성하는 공정은 아니므로, 막제조용 가스는 흘리지 않고 분위기 가스로서 질소나 불활성가스를 사용한다. 핫웰형은 한 번에 대량의 웨이퍼를 처리할 수 있지만, 웨이퍼를 단번에 고온처리 할 수 없기 때문에 한 번의 처리에

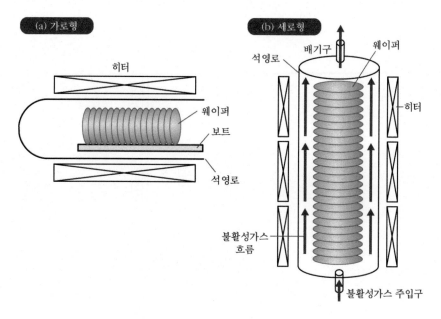

그림 5-2-1 배치식 열처리 장치의 개념도

---

* 핫웰형 ; 웨이퍼를 석영 반응기 외부에서 가열하는 유형. 이에 대해 웨이퍼만을 가열하는 유형을 콜드웰(cold well)형이라고 부르고 있다. 막제조에 사용된다. (8-5절 참조)

몇 시간 정도의 처리 시간이 소요된다. 그림 5-2-1에 도시한 바와 같이 핫웰형은 석영 반응기를 옆으로 누여 놓은 형태의 가로형 수평로와 세로로 세운 수직로 두 가지가 있다. 수평로는 150mm 웨이퍼 정도까지는 사용되었으나 200mm 웨이퍼부터는 수직로가 주로 사용되고 있다. 이것은 장치 차지면적이 수평로 에서는 그 구조상 웨이퍼의 대구경화에 수반하여 커지기 때문이다. 또한 웨이퍼를 꺼낼 때 외부 공기가 들어가기 쉬운 점과 보트가 석영로에 접하기 때문에 파티클(먼지 등)이 발생하기 쉽다는 등의 문제가 있었기 때문이다. 한편, 수직로는 웨이퍼를 탑재한 보트가 회전 가능하기 때문에 공정결과, 균일성이 향상되는 것으로 알려져 있다.

핫웰형의 단점 중 하나는 외부에서 히터로 가열되기 때문에 막제조의 경우 내부에 막이 형성되는 것이다. 열처리 경우에도 불순물이 외부로 미량 확산하기 때문에, 역시 석영의 내벽에는 불순물이 미량이지만 붙어 버린다. 그것을 수시로 세정하여 제거해야 한다. 이에 대해서는 나중에 설명할 것이다.

보트의 양단은 두께가 변화하기 때문에 더미 웨이퍼를 놓아두는 것이 일반적이다.

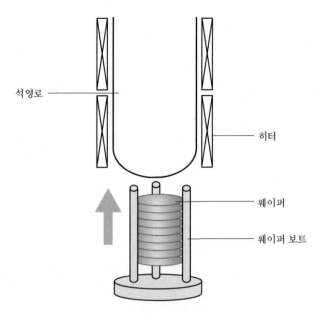

주) 편의 상, 웨이퍼의 수는 실제보다 작게 도시되어 있다.

그림 5-2-2 배치식 열처리로의 웨이퍼 탑재

또한 소정의 매수가 부족할 경우 더미 웨이퍼를 늘려 처리 매수를 갖춘 후 시행한다. 웨이퍼 매수를 처리로에서 항상 동일하게 유지하는 것은 가스의 흐름과 가열 상태 등을 항상 동일하게 유지하기 위한 것이다.

석영관을 통해 웨이퍼를 탑재하며, 수평로에서는 반자동이 주류이나 수직로에서는 자동화가 진행되고 있다. 그림 5-2-2에 도시한 바와 같이 석영로 아래에서 웨이퍼를 삽입하는 형태이므로 장치의 높이가 클린룸 천장 높이로 제한될 것이다.

▒ 열처리 장치의 석영로

오랜 역사를 가진 만큼 핫웰형은 다양한 호칭이 있다. 예를 들어, 원통형 석영재질의 노를 사용하므로 석영로라고 하기도 한다. 또한 이 석영로를 노심관이라고도 하기 때문에 노심관 방식이라 부르기도 하며, 가열은 전기 히터를 사용하므로 전기로라 부르기도 하는 등, 책에 따라 다양한 용어가 사용되고 있으므로 주의하기 바란다. 본론으로 돌아가서 석영이 사용되는 것은 내열성이 높아 순도가 높은 것을 만들 수 있기 때문이다. 다만 300mm 웨이퍼 100장이 탑재 가능한 석영로는 매우 고가라 할 수 있다. 석영로는 전문 석영 제조업체가 제작하고 있다.

석영로는 가끔씩 세정할 필요가 있다고 앞서 언급했지만, 물론 웨이퍼를 세정하는 장치로는 불가능하므로 반도체 전공정 팹에는 전용 석영로 세정장치가 도입되어 있다. 이와 같이 반도체 전공정 팹은 제조장치의 기구와 부품을 세정하는 장치가 다양하게 설치되어 있다. 이것은 3-5절에서 설명하였다.

5-3 매엽식 RTA장치

적외선을 실리콘에 조사하면 실리콘 웨이퍼가 급격하게 가열된다. 이것이 적외선 어닐링 장치이다. RTA (Rapid Thermal Anneal) 장치로도 알려져 있다.

▒ RTA 장치란?

RTA는 적외선 (800nm 이상의 파장)을 방출하는 램프(할로겐 램프 등)를 사용한다. 실리콘은 적외선을 쉽게 흡수하므로 웨이퍼 전체로 흡수하여 웨이퍼 온도가 빨리

올라가는 장점이 있다. 그래서 Rapid라고 하는 것이다.

핫웰형은 전술한 바와 같이 한 번에 대량의 웨이퍼를 처리할 수 있지만, 웨이퍼를 단번에 고온으로 할 수 없기 때문에, 한 번의 처리에 몇 시간 정도의 처리 시간이 소요된다. 이에 대해 RTA는 10초 정도의 시간으로 가열할 수 있고, 1장의 웨이퍼 열처리에 온도조절을 포함하여 1분 정도의 처리 시간 정도가 소요되므로, 최근에는 RTA가 주로 사용되고 있다. 그림 5-3-1에 일반적인 양면 가열식 RTA 장치의 개략도를 도시하였다. 물론, 이는 매엽식 장치이다.

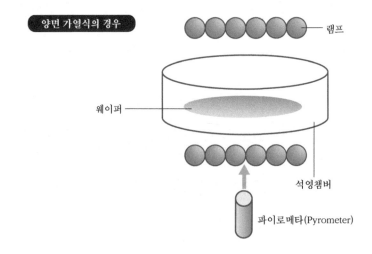

그림 5-3-1 RTA 열처리장치의 개략도

웨이퍼 온도의 불균일성 문제를 해결하기 위하여 그림 5-3-2에 도시한 바와 같은 단면 가열식의 RTA 장치를 사용한다. 온도의 차이가 비록 몇 도일지라도 1000℃ 이상의 고온에서는 웨이퍼에 슬립(slip)이라는 결정 결함을 유발하는 경우가 있기 때문이다. 그 대책으로 이 방식에서는 온도를 다점 측정하여 그 데이터를 각 영역의 램프 출력에 피드백 함으로써 온도를 균일하게 유지하고 있다.

그림이 복잡하기 때문에 도시하지 않았지만, 이 방식은 단면 조사이므로 웨이퍼의 회전기구를 첨가하여 균일성을 보다 향상시킬 수 있다는 장점이 있다. 또한 온도를 다점 측정할 수 있는 것도 단면 가열식의 장점인 것은 말할 필요도 없다.

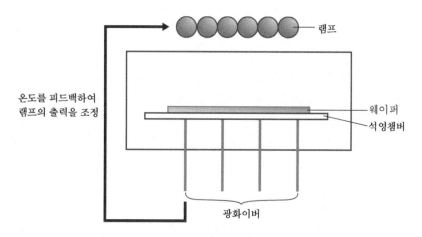

그림 5-3-2 단면 가열식 RTA 장치의 개요

▒ 온도측정

온도측정은 고온계(pyrometer)라 하는 고온 측정용 광학 온도계를 사용한다. 이것은 웨이퍼로 부터 복사된 열을 온도로 환산하여 측정하는 방법이다. 그러나 웨이퍼 표면에 막이 형성되어 있으면 웨이퍼 표면의 방사율(emissivity)이 달라지기 때문에 정확한 온도를 측정할 수 없다는 단점이 있다. 그래서 온도 보정시스템을 추가하여 측정하고 있다.

▒ RTA 장치의 램프

RTA 장치의 경우 적외선램프가 필요하다. 일반적으로 할로겐램프가 주로 사용된다. 램프는 관 모양 또는 전구모양이며 최근에는 전구모양이 주로 사용된다. 단, 램프 자체의 문제로는 전체 전력 소비가 커진다는 것이다. 이것은 다수의 램프에 동시에 전기를 인가하기 때문에 발생한다. 계산해보면 수 10kW의 전력이 필요하여, 웨이퍼 1장당 소요 비용이 배치식보다 증가하기 때문에 저 소비전력화가 과제라고 생각한다. 또한 최근 LSI의 미세화에 따라 접합의 깊이가 극히 얇기 때문에, 크세논(제논, Xenon; Xe) 플래시램프를 이용하고 있다. 이를 플래시램프 어닐링 장치라고 한다. 기존의 적외선램프는 웨이퍼를 가열하는 데 수 초에서 10초 정도 걸렸지만, 이 램프는 순간적으로 가열할 수 있다는 장점이 있다. 따라서 초박막 접합이 가능하게 된 것이다.

초박막 접합은 영어로는 Ultra Shallow Junction이므로 약자인 USJ로 사용하기도 하며 극히 얇은 접합을 의미한다. 수치적으로는 수십 nm 이하의 접합 깊이를 의미한다. 여담이지만, 접합(junction)이라고 하면 고속도로의 교차점처럼 선과 선이 연결된 부분을 상상하겠지만, 영어에서는 그뿐만이 아니라 pn 접합과 같이 면과 면의 연결에도 사용하고 있다. 참고로 MOS 트랜지스터의 평면도 구조를 그림 5-3-3에 도시하였다.

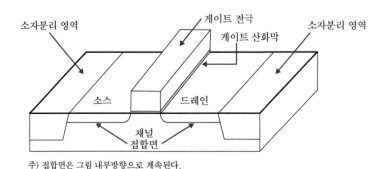

주) 접합면은 그림 내부방향으로 계속된다.

그림 5-3-3 트랜지스터 구조의 접합면

5-4 최신 레이저 어닐링 장치

자외선을 실리콘 웨이퍼에 조사하면 자외선의 에너지에 의하여 실리콘 표면이 녹는다. 이를 이용하여 열처리를 수행하는 방법이 레이저 어닐링 장치이다.

▨ 레이저 어닐링이란?

레이저 어닐링은 오래전부터 생각했던 방법이다. 이는 실리콘 웨이퍼를 이용하지 않고 석영이나 유리 기판 등의 표면에 실리콘 박막을 형성하여 그것을 결정화하여 실리콘 소자를 제작할 수 있지 않을까 하는 구상이 있었기 때문이다.

이 구상은 지금의 LCD[*] 액정을 구동하는 비정질 실리콘 TFT[**]에 활용되고 있다.

---

[*] LCD ; Liquid Crystal Display의 약자로서 액정의 움직임으로 동작을 표시하는 장치

[**] TFT ; Thin Film Transistor의 약자로서 박막 트랜지스터라고도 한다. TFT의 역할은 LCD 액정을 구동하는 스위치이다.

또한 보다 성능을 높이기 위해 비정질 실리콘을 레이저를 이용하여 결정화하는 기술로 남아있다. 단, 결정화에 사용할 수 있는 적당한 레이저 장치가 없어 1976년에 엑시머 레이저 보급과 함께 실용화되어 보급되고 있다. 최근에는 가스 레이저 장치가 대형이기 때문에, 고체 레이저를 이용한 장치도 실용화되고 있다.

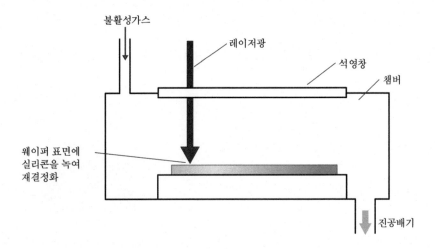

그림 5-4-1 엑시머 레이저 어닐링 장치

그림 5-4-1에 레이저 어닐링을 도시하였다. 레이저 광원은 자외선(400nm 이하의 단파장)을 사용한다. 자외선 레이저는 희귀 가스와 할로겐 가스를 이용하는 가스 레이저인 엑시머 레이저(예를 들면 XeCl : 308nm)를 주로 사용한다. 참고로, 블루 레이는 405nm 파장의 청색 레이저를 사용하고 있지만 출력은 다르다. 또한 블루 레이의 청색 레이저는 화합물반도체 결정을 이용한 고체 레이저이다. 엑시머 레이저를 거울과 광학계에서 빔을 형성하고 에너지가 균일하게 되도록 성형하여 웨이퍼에 조사한다. 일반적으로 웨이퍼 표면을 스캔한다.

그림과 같이 자외선 레이저는 실리콘의 작은 표면에서만 흡수된다. 따라서 극히 표면만 용융, 재결정화하여 가파른 불순물분포를 형성할 수 있기 때문에 미세화에 따른 초박막 접합에 적합하다고 생각한다.

▦ 레이저 어닐링 및 RTA의 제조장치 차이점

RTA는 전술한 바와 같이 적외선(800nm 이상의 파장)을 사용한다. 실리콘은 쉽게 적외선을 웨이퍼 전체로 흡수하므로 웨이퍼의 온도 상승이 빠르다는 것이 장점이다. 또한 광원 램프를 사용하기 때문에 여러 램프를 사용하여 웨이퍼에 균일하게 조사되도록 할 수 있다. 이에 대하여 레이저 어닐링은 빔 크기에 한계가 있기 때문에, 아무래도 웨이퍼 표면만을 스캔할 수 있을 것이다. 그림 5-4-2에 그 차이를 도시하였다. 처리량 측면에서는 대량으로 조사할 수 있는 RTA와 비교하면 스캔 방식의 레이저 어닐링 장치는 불리할 것이다.

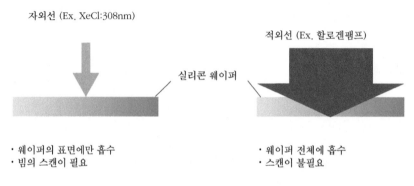

그림 5-4-2 레이저 어닐링과 RTA의 차이

5-5 엑시머 레이저 광원

이 절에서는 레이저 어닐링 장치에 사용되는 엑시머 레이저의 광원에 대하여 설명한다. 다음 6장 리소그래피에서 사용하는 광원이기도 하다. 고체 레이저에 대해서도 간단히 언급할 것이다.

▦ 엑시머 레이저란?

엑시머(Excimer)는 원래 "Excited Dimer"의 약자로, 직역하면 여기상태에 있는 두 원자라고 할 수 있다. 두 원자는 불활성기체 원자와 할로겐 원자이다. 불활성기체는 그 이름대로 반응성이 부족하고 다른 원자와 반응하지 않지만, 방전 등으로 여기 되어 이온 상태가 되면 할로겐 원자와 여기상태에서만 존재하는 엑시머(Excimer)가 된다. 이 엑시머는 수명이 짧아 자외선을 방출하고 기저상태로 돌아와 원래의 불활성기체 원자와 할로겐원자가 된다. 이를 그림 5-5-1에 도시하였다. 에너지 관점에서 보면 방전의 전기 에너지를 빛 에너지로 변환하고 있다고 할 수 있다. 이 자외선*를 이용하는 것이 엑시머 레이저이다. 장시간 사용하려면 방전을 지속시킬 필요가 있다. 실제 엑시머 레이서 장치에서 예비 방전을 수행하여 방전을 시작·지속시키는 방법을 이용하고 있으며, 방전뿐만 아니라 광축의 확보·조정, 가스류의 설치 등 복잡한 장치이다.

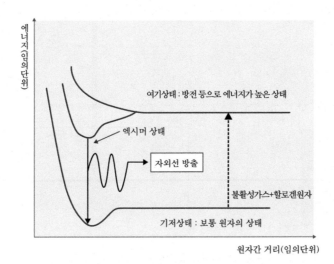

그림 5-5-1 엑시머 레이저의 원리

엑시머 레이저는 1970년에 실험적으로 발진에 성공하고 1976년에는 XeF(파장 351nm) 엑시머 레이저 발진에 성공하여 산업에서의 실용화가 이루어졌다. 가스 레이저를 사용하는 이유는 사용하는 가스의 종류에 따라 발진하는 파장을 선택할 수 있기 때문이다. 다만, 가스 레이저는 가스의 수명이 있으므로 정기적으로 가스를 교환해야 한다. 이 장에서 언급한 레이저 어닐링 장치에서는 그다지 중요하지 않지만 XeCl은

---

* 자외선 ; 이 자외선의 파장은 일반적인 자외선(UV : Ultra Violet)보다 짧은 파장이므로, 리소그래피 분야에서는 DUV(Deep UV)라고 부르는 것이 일반적이다.

308nm, KrF는 248nm, ArF는 193nm 등이며, 6장에서 언급할 리소그래피 기술의 노광 광원은 이들이 활용되고 있다. 6-3절을 참고하십시오. 만약을 위해 언급하지만, 레이저 어닐링에 사용하는 레이저*의 출력 밀도는 리소그래피에서 사용하는 출력과 다르다.

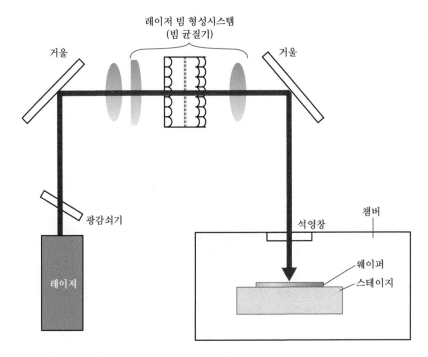

그림 5-5-2 엑시머 레이저 어닐링 장치의 개요

▥ 장치까지의 레이저 경로

그림 5-5-2에 엑시머 레이저에서 실리콘 웨이퍼에 조사될 때까지 경로의 예를 도시하였다. 레이저 빛은 거울에서 빔성형 시스템에 보내진다. 이것은 빔 균질기(Homogenizer)라고도 한다. 렌즈와 스릿 등의 복잡한 조합을 이용하여 레이저 빔을 일정한 형태로 성형하고, 빔 에너지의 균일성을 향상시키는 시스템이다. 빔 에너지의 균일성은 공정에서 매우 중요하다. 빔의 형태는 선 형상과 면 형상이 있다. 여기에서 성형된 빔

---

* 레이저 ; Light Amplification by Stimulated Emission of Radiation(Laser)의 약자

이 거울에서 챔버 내의 실리콘 웨이퍼에 조사되는 것이다.

▒ 고체 레이저란?

전술한 바와 같이 가스 레이저인 엑시머 레이저는 고출력 레이저를 얻을 수 있지만 가스 교환 등의 번거로움이 있으므로 최신 고체 레이저를 이용한 레이저 어닐링 장치를 고안하고 있다. 고체 레이저는 예를 들어 그림 5-5-3에 도시한 바와 같이 접합을 갖는 열 반도체 결정 등에 전압을 가하여 레이저 발진을 유도하는 장치이다. 고체 레이저는 출력이 부족하기 때문에 여러 개를 이용하여 어닐링 장치가 제작되고 있다.

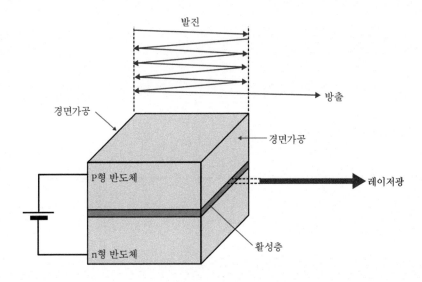

그림 5-5-3 고체 레이저의 메카니즘

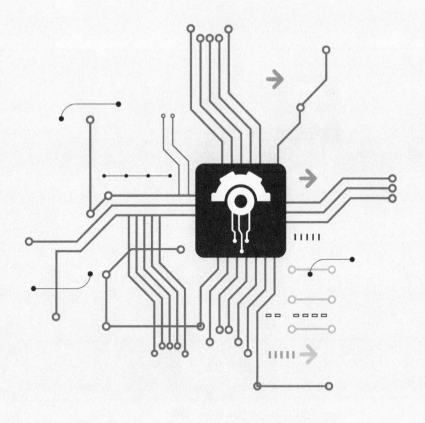

CHAPTER **6**

리소그래피 장치

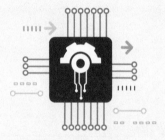

이 장에서는 반도체 미세화 기술을 견인해 온 리소그래피 장치 중에서 노광장치, 레지스트 도포장치, 현상장치, 에싱(ashing)장치 등을 폭넓게 설명한다. 또한 최근의 액침노광(immersion lithography), 멀티 패턴, EUV 노광장치 기술에 대하여 설명한다.

6-1 다양한 리소그래피 장치

리소그래피 공정으로 LSI에 패턴이 그려지는 것은 아니다. 그림으로 말하면, 데상 즉, 밑그림을 그리는 것이다. 그러나 그 밑그림을 식각 등에 의하여 배선 패턴을 전사 하는 것으로 반도체의 미세화를 추진해 왔다.

▧ 리소그래피 공정 및 장치는?

이해를 돕기 위해 이야기를 단순화하여 진행해 보자. 리소그래피 기술의 구성 요소 는 그림 6-1-1에 도시한 바와 같이 광원(노광 장치), 감광체인 레지스트, 원본 마스크 (빛을 나타내는 포토를 붙여 포토마스크라고도 하지만 이 책에서는 마스크라 칭한 다.)이다. 노광 후 현상 처리하여 레지스트 패턴을 남긴다. 위에서부터 설명하면 마스 크 제작공정, 레지스트 도포공정, 노광공정, 현상공정, 그림에는 나와 있지 않지만, 불 필요하게 된 레지스트 제거공정(에싱공정; Ashing) 등으로 나눠진다. 이와 같이 리소 그래피 기술 중에는 다양한 공정과 각 공정에 해당하는 장치가 필요할 것이며 이를

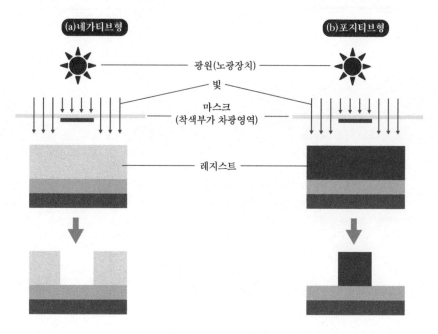

그림 6-1-1 리소그래피 기술의 요소

일반적으로 리소그래피라고 한다.

그림에 네가티브형·포지티브형으로 표기하였으며 이러한 레지스트의 차이에 대해선 6-5절에서 설명할 것이다.

▒ 리소그래피 공정 흐름 및 장치

그림 6-1-2에 리소그래피 공정의 흐름을 식각이나 에싱공정을 포함하여 도시하였다. 음영으로 표시한 부분이 이 장에서 다루는 리소그래피 장치이다. 이전에는 식각뿐만 아니라 에싱도 6-7절에서 언급할 건식공정이 아닌 습식공정으로 수행되었기 때문에, 에싱은 식각 후 세정이라는 인식도 있었다. 또한 리소그래피 및 식각을 합하여 포토식각 이라고 부르던 시절도 있었다. 포토란 포토 리소그래피(photo lithography)의 약자이다.

과정을 설명하자면, 먼저 식각 대상물이 되는 박막 위에 레지스트를 도포한다. 이

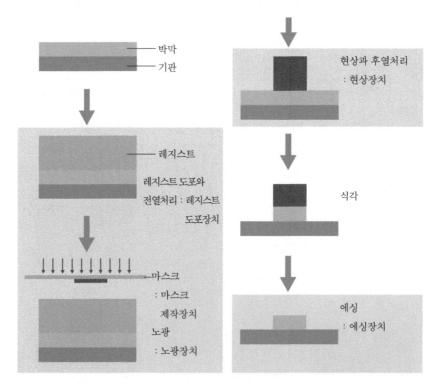

그림 6-1-2 리소그래피 공정의 흐름 및 필요 장치

를 위하여 6-4절에서 설명할 레지스트 도포장치(coater)를 사용한다. 그 후, 레지스트에 포함된 용매를 제거하기 위해 70~90℃ 정도에서 전열처리(prebake)를 시행한다. 다음은 마스크의 패턴을 노광장치에서 레지스트에 전사한다. 노광장치에 대해서는 6-2절에서 설명할 것이다. 또한 현상을 수행하여 필요한 레지스트 막만을 남긴다. 다음, 현상액 및 세정액 성분을 완전히 제거하고 식각 대상물과의 밀착성을 높이기 위해 후열처리(postbake)를 100℃ 정도에서 시행한다. 이는 6-5절에서 설명할 현상장치를 사용한다. 또한 전열처리를 소프트베이크(softbake), 후열처리를 하드베이크(hardbake)라 부르기도 한다.

여기까지가 일련의 리소그래피 공정이다. 여기까지는 레지스트의 상을 만들 뿐이다. 이런 의미에서 밑그림이나 대상이 리소그래피에 해당한다고 설명하였던 것이다. 이후, 그림을 그리기 위한 공정인 식각 및 에싱공정을 시행한다. 식각이나 에싱에 대해서는 각각 7장과 6-7절에서 설명할 것이다.

그림 6-1-2는 어디까지나 기본적인 리소그래피 공정의 흐름을 보여준 것이다. 단, 이러한 공정에 필요한 장치는 존재하지만, 현재의 팹에서는 흐름에 따라 일체화되어 있는 경우가 대부분이다. 그 내용은 6-6절에서 설명할 것이다.

컬럼

리소그래피의 베이(bay)란?

리소그래피 장치가 설치되어 있는 장소는 클린룸 내에서도 조금 특별한 장소이다. 리소그래피에서 사용하는 감광성 레지스트는 일반 형광등에서 민감하게 반응하여 화상이 흐려지는 현상이 발생하기 때문이다. 즉, 정상적인 노광 이전에 감광되어 버리면 정상적인 패턴 그리기를 할 수 없게 될 것이다. 그래서 리소그래피 베이(2-2절 참조)는 레지스트에 민감하지 않은 파장의 조명광으로 되어 있으며, 인간의 눈에는 노란 빛의 방으로 보인다. 그래서 리소그래피 베이를 엘로우룸(yellow room) 등으로 부르기도 한다. 당연히 다른 베이의 조명 빛이 들어오지 못하도록 되어 있다. 또한 방진(다른 칼럼에서 언급) 등 다른 영역에서는 불필요한 연구가 필요한 것도 리소그래피 베이의 특징이라고 할 수 있다.

6-2 미세화를 결정하는 노광장치

노광장치는 광원의 빛으로 마스크(레티클)의 패턴을 감광성 레지스트에 전사하는 장치이다. 반도체 제조장치의 상징적인 장치로써 가격도 첨단 장치는 수 백억원 정도 이다.

▥ 노광장치의 방식 차이

접촉식 노광장치와 축소 투영 노광장치의 차이점에 대하여 설명할 것이다. 접촉식 노광장치는 레지스트를 도포한 웨이퍼에 마스크를 직접 접촉시켜 일괄적으로 노광 하는 장치이다. 이 방법은 노광장치가 간단하고 저렴하지만, 마스크를 레지스트에 접촉시킬 때, 마스크에 웨이퍼 상의 먼지 등이 부착되는 경우에 상처가 생기는 문제가 있다. 또한 마스크의 최소 치수는 웨이퍼에 전사할 수 있는 최소 치수와 같은 세대의 기술로 만들어야 하기 때문에 미세 가공에 적합하지 않으므로 최근 반도체 공정에서 대부분 사용되고 있지 않다. 접촉할 필요가 없는 등배 투영 거울광학계를 이용한 노 광 장치도 있었으나, 역시 미세 가공에 적합하지 않으므로 현재는 거의 사용하지 않고 있다.

축소 투영 노광장치는 마스크*(레티클) 패턴을 광학계에서 축소하여 웨이퍼 상에 전사하는 방법이므로, 마스크 상에 먼지의 부착이나 상처가 생기는 문제가 발생하지 않을 것이다. 또한 일반적으로 1/4에서 1/5로 축소하기 때문에 마스크의 최소 치수는 레지스트에 전사할 수 있는 최소 치수보다 크게 만들 수 있다는 장점도 있다.

▥ 축소 투영 노광장치의 전사 방식

마스크 패턴을 축소하여 전사하려면, 접촉식 노광법처럼 한 번에 노광 마스크 패턴을 웨이퍼에 전사할 수는 없다. 웨이퍼와 마스크를 상대적으로 이동하면서 웨이퍼 전

---

* 마스크 ; 축소 투영법에서는 마스크라고 한다. 본래의 광학상 의미는 관측하는데 도움을 주는 격자선이지만 어떠한 경위로 사용되었는지 저자로서는 불명확하다. 이 책에서도 레티클이라는 단어로 기록되어 있는 경우도 있다.

면에 전사하는 방식을 취한다. 마스크와 웨이퍼의 상대적인 이동 방법으로는 스텝-앤드-리피트법(step & repeat) (장치는 스테퍼라고 한다.)과 스캔법(장치는 스캐너라고 한다.)이 있다. 현재 최첨단 장비는 스캔법을 이용하고 있다. g선이나 i선 스테퍼에서 KrF을 이용한 스테퍼도 일부 있었다. 그림 6-2-1에 두 방법을 비교하여 도시하였다. 그림만으로는 이해하기 어려울지도 모르지만, 6인치 레티클에서 스테퍼는 22mm의 화각, 스캐너는 $26 \times 33mm^2$의 화각을 얻을 수 있다. 스테퍼는 한 번의 노광으로 원의 내접 정사각형의 면적밖에 전사되지 않지만 스캐너는 스캔하면서 전사하기 때문에 그림에서 가로방향으로 전체 면적을 전사할 수 있어 큰 화각을 얻을 수 있다. 최첨단 로직 IC는 큰 화각을 필요로 하기 때문에 첨단 노광장치는 주로 스캐너가 사용된다. g선 등에 대해서는 6-3절에서 설명할 것이다.

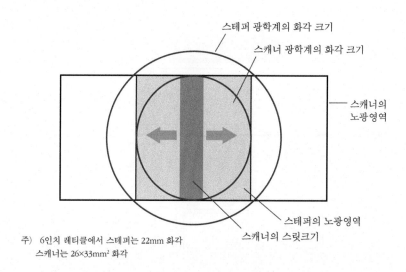

주) 6인치 레티클에서 스테퍼는 22mm 화각
스캐너는 26×33mm² 화각

그림 6-2-1 스테퍼(1/5×)와 스캐너(1/4×)의 화각 비교

▒ 노광장치의 구성 요소

그림 6-2-2에 ArF 스캐너 장치의 개략도를 도시하였다. 노광장치이므로 광원, 광학계(빔 형성이나 투영 렌즈 포함), 웨이퍼 스테이지(stage)가 있으며 기타 웨이퍼 및 레티클 탑재장치(loader)전체 제어시스템 등으로 구성되어 있다. 노광장치는 세밀한 온도 및 습도 제어가 필요하므로, 장치에 공기정화 장치가 있어, 클린룸보다 한층 엄격히 제어되고 있다. 또한, 화학 증폭 레지스트[*]를 사용하므로 화학 오염^{**}에 대한

주의가 필요하다. 웨이퍼 스테이지는 방진 기능이 있다. 물론, 미세한 패턴을 형성하기 때문에 진동은 큰 걸림돌이 되므로 주변 장치와 단절하고 별도의 방진대에 탑재하는 경우도 있다. 컬럼을 참고하십시오. LSI는 한번의 노광공정으로 제조할 수 있는 것은 아니다. 그전에 노광공정에서 형성된 패턴과 정렬(얼라인먼트 ; alignment)을 엄격하게 할 필요가 있다. 이를 정렬도라고 하며, 웨이퍼 테이블은 충분히 정렬도에 부합하는 얼라인먼트 기능을 가지고 있다. 10-7절에서 그 검사 방법에 대하여 설명할 것이다. 물론, 다양한 노광장치를 사용하여 충분한 정확도가 보장되어야 하며, 이를 믹스·앤드·매치(mix and match)라고 한다. 이것이 어떤 의미에서는 노광장치에서 매우 중요한 부분이 된다. 왜냐하면 LSI는 수십 장의 마스크를 중첩하면서 제작하는 것이기 때문이다.

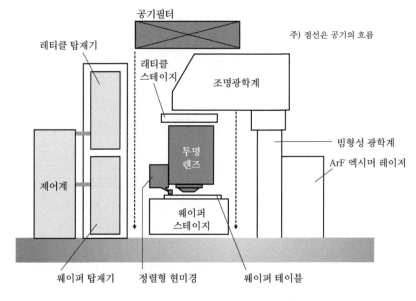

그림 6-2-2 ArF 스캔 노광장치(스캐너)의 개략도

---

*   화학 증폭 레지스트 ; 노출시 산발생제를 이용하고 그것이 촉매가 되어 레지스트에서 화학반응을 진행시켜 감도를 향상시킨다.

** 화학 오염 ; 화학반응에 의하여 발생한다. 화학 증폭 레지스트에서는 암모니아가 큰 문제이다.

▒ 노광 장치의 광학계

현재 노광장치는 렌즈 투과 형태의 광학계이다. 그림 6-2-3에 ArF 스캐너의 광학계에 대한 개략도를 도시하였다. 엑시머 레이저 광원에서 나온 빛은 빔형성 광학계에서 균일한 빔이 되고 조명 광학계에서 노광에 적합한 조명 빛으로 변환, 레티클에 투과하고 레티클 스테이지 아래의 투영 렌즈에서 웨이퍼에 패턴이 새겨지고 있다. 투영 렌즈는 그림으로 표현할 수 없을 정도의 여러 렌즈의 조합이다. 이 렌즈계의 무게만으로도 매우 중요한 것이다. 스캐너는 그림 중에도 나타낸 바와 같이 레티클 스테이지도 웨이퍼에 동기화되어 움직이는 스캔 노광방식을 수행하고 있다.

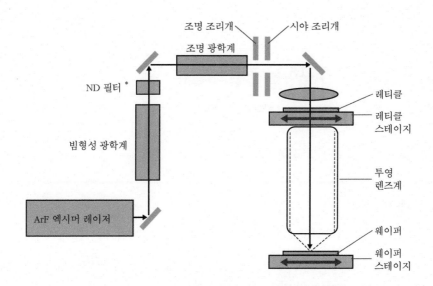

그림 6-2-3 ArF 스캔 노광장치(스캐너) 광학계의 개략도

----

* ND 필터 ; Neutral Density 필터의 약자. 광량을 조절한다.

컬럼

섬세함이 요구되는 노광장치

리소그래피 장치가 설치된 장소에 대하여 또 하나 소개해 둔다. 노광장치는 진동을 극도로 억제해야 한다. 이는 노광 시 진동을 받으면 패턴 전사에 영향을 주기 때문이다. 근처에 철도 등이 달린다면 그 진동을 받기 때문에 클린룸 건설 단계에서 주의해야 할 필요가 있다. 노광장치는 방진대 및 제진대 상에 설치하는 등의 조치를 취하고 있다. 특히 미세화가 진행될수록 진동 대책이 엄격해지고 있다. 노광장치 설치영역의 공기, 온도 및 습도 관리는 감광성 레지스트에 영향을 미치기 때문에 다른 영역보다 엄격히 관리해야만 한다. 특히 화학 증폭 레지스트를 사용하도록 되어 있기 때문에 보다 엄격한 관리가 요구되고 있다.

6-3 미세화을 추구하는 광원의 발전

반도체의 미세화를 추진하는 것은 리소그래피 기술이지만, 그 중에서도 노광장치의 광원 개발이 미세화를 추진하고 있다.

▒ 광원의 역사

리소그래피에서 사용하는 파장 영역에 대해서 그림 6-3-1에 도시한 바와 같이 레일리(Rayleigh)의 식이 성립하며, 미세화에 대응하기 위해 해상도 R(해상도를 나타내는 영어 표기의 Resolution의 머리 글자)을 개선하려면

① 노광 광원의 단파장화
② 렌즈의 큰 NA(구경)화

가 필요하다. 나머지 부언한다면, 초해상 기술 등의 사용에 k 상수의 향상이 요구된다. 초해상 기술은 6-11절에서 설명할 것이다. 이 중에서 렌즈의 큰 NA화는 이론적으로는 1이 한계이며 현재는 1에 가까운 값이 구현되고 있다. 더 이상 개선의 여지는 없기 때문에, 여기에서는 광원에 대하여 설명한다.

$$해상도 : \quad R = k \, \frac{\lambda}{NA} \quad (\text{Rayleigh 식})$$

λ : 노광파장

NA : 렌즈의 구경(NA : Numerical Aperture)

k : 공정에 의존하는 상수

해상도를 향상시키기 위하여

① λ의 단파장화 → 광원

② NA 증대 → 렌즈 개량

③ k 상수의 개선 → 레지스트 개량, 기타 초해상 기술

그림 6-3-1 리소그래피의 해상도

광원의 역사를 살펴보면 접촉식 노광 시대에는 초고압 수은램프가 사용되었다. 이 램프는 휘선 스펙트럼을 갖는 것이 특징이며, g선(436nm), h선(405nm), i선(365nm) 이 두드러졌다. 이 중에 g선과 i선이 리소그래피 광원으로 사용되었다. 이것을 자외선 (UV : Ultra Violet) 노광이라고 한다. 또한 $0.5 \mu m$ 이하 시대($0.35 \mu m$)부터 KrF(248nm) 엑시머 레이저 광원을 이용하게 되었다. 엑시머 레이서에 대해서는 5-5 절에서 설명하였으므로 참고하십시오. 그 후, 0.1 μm 전후에서 ArF(193nm)가 이용 되었다. 엑시머 레이저를 반도체 공정에 사용하려는 움직임의 연구개발이 높아진 것 은 1980년대 중반 무렵이다. 이때는 리소그래피 뿐만이 아니라 다른 공정에서도 엑 시머 레이저를 사용하려고 하였지만, 결국은 리소그래피에만 활용되고 있다. 이들은 심자외선(DUV : Deep Ultra Violet) 노광이라 부른다.

에너지와 파장의 관계를 살펴보자. 그림 6-3-2에 도시한 바와 같이 파장이 짧은 쪽 이 에너지는 높아진다. 에너지 단위를 eV로 표기하였으며 인간의 눈에 보이는 가시 광선은 약 1.55~3.1 eV 정도이다. ArF는 약 6.4 eV이므로 큰 에너지를 가지고 있다.

첨단 광 노광장치가 ArF 스캐너이지만, 그렇다고 첨단 반도체 라인의 노광장치가 모두 ArF 스캐너는 아니다. 반도체 소자를 제조하기 위해 거친 패턴도 있으므로, 그 러한 패턴은 지금도 i선이나 KrF의 스테퍼가 사용되고 있다. (→ p.126)

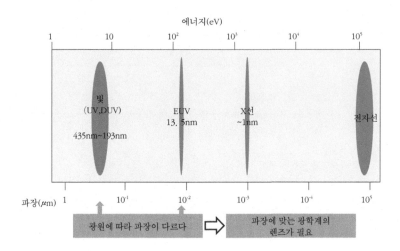

그림 6-3-2 노광파장의 차이

또한 광원의 에너지(파장)가 다르면 각각에 맞는 레지스트와 광학계가 요구되므로 이를 그림에 표기하였다.

▦ 향후 광원

노광 광원의 단파장화는 ArF(193 nm)에서 한계에 도달하고 있다. 사실 ArF 다음의 단파장 광원으로 F_2(157 nm) 레이저의 실용화가 검토되고 있었지만, 투명 광학계의 렌즈 재료를 어떻게 할 것인가 등의 문제가 있어 실용화가 어려워져, 액침노광의

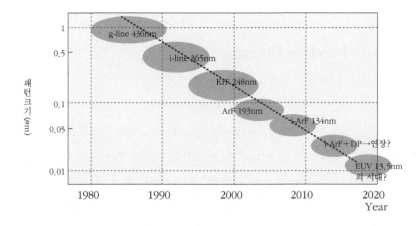

그림 6-3-3 노광파장의 변화

실용화가 진행되고 있는 실정이다. 또한 차세대 광원으로 기대되고 있는 것이 EUV (Extreme Ultra Violet : 극자외선)이다. 이것에 대해서는 6-10에서 설명할 것이다. 이러한 경향을 그림 6-3-3에 도시하였다. 그림을 살펴보면 KrF 시절부터 사용 파장보다 짧은 치수의 패턴을 노광할 수 있게 된 것을 알 수 있다. 이것은 초해상 기술 등의 진보에 의한 것이다.

전술한 바와 같이 노광광원의 단파장화로서는 ArF에서 일단 한계가 오고 있으며 액침(→ 6-5절)과 이중 패터닝(double patterning ; DP)*(→ 6-9절) 등은 이를 극복하기 위한 방법이라고 할 수 있다. 또한 파장영역이 전혀 다른 EUV의 실용화로 이어질 수 있을지가 관건이다.

6-4 노광에 필요한 레지스트 도포장치

감광성 레지스트를 웨이퍼에 도포하는 장치를 레지스트 도포장치라고 한다. 영어로는 coater이므로 코터라고 부르는 것이 일반적이다.

▥ 레지스트 코터의 관계

감광성 레지스트는 웨이퍼에 균일한 두께로 도포할 필요가 있다. 그래서 고안한 것이 스핀 코트(spin coat)법이다. 구체적으로는 웨이퍼의 표면을 윗방향으로 회전자에 설치하고 회전자와 함께 진공 척에서 뒷면을 고정하고 일정량의 레지스트를 투하한다. 그 후, 고속 회전시켜 웨이퍼 상에 균일한 두께로 도포하는 방법이다.

또한 그림에도 도시한 바와 같이 웨이퍼보다 스테이지의 직경이 작은 것이 일반적이다. 이유는 나중에 설명할 것이다. 이 장치를 스핀 코터(회전 도포장치)라고 한다. 이 장치는 원칙적으로 웨이퍼를 한 장씩만 처리할 수 있으므로, 웨이퍼의 직경에 관계없이 매엽식 장치가 사용된다. 반도체 공정 최초의 매엽식 장치일지도 모른다.

레지스트의 두께는 회전수와 레지스트의 점도로 조정한다. 물론 회전수가 높으면

---

* DP ; double patterning의 약자. 6-9절 참조. 설명한 바와 같이 이중 패터닝 보다는 멀티(다중) 패터닝이 검토되고 있다.

두께는 얇아지고 레지스트의 점도가 높으면 막두께가 두꺼워질 것이다. 이 관계를 그림 6-4-1에 도시하였다. 레지스트의 두께는 노광시간에 영향을 미치며, 식각 시 내성도 필요하기 때문에 다양한 요소를 감안하여 필요한 점도의 레지스트를 결정한다.

스핀 코트법의 처리 능력이 높고, 장치도 간편해서 6-6절에서 설명한 바와 같이 다른 장치와 인라인화(in-line)하여 사용할 수 있기 때문에 이 방법이 완전히 정착되어 있다.

▒ 실제 스핀 코터

스핀 코터는 웨이퍼의 탑재 및 탈착부 외에 스핀 도포부와 열처리부가 기본 구성요소에 포함된다. 레지스트가 도포된 웨이퍼의 열처리는 가열된 판 위에서 실시하는 것이 일반적이므로, 이를 핫 플레이트(hot plate)부라고 부르는 경우도 있다. 또한 최근에는 별로 사용하지 않는다고 생각하지만, 벨트를 이용하여 터널에 보내 열처리하는 경우도 있다. 레지스트는 공기 중에 방치하면 건조되어 고형화되므로, 웨이퍼에 도포하기 전에 소량의 레지스트를 노즐에서 버리고 항상 새로운 레지스트가 투하되도록 한다.

또한 웨이퍼 상에 레지스트 막을 균일하게 도포하는 것이 필요하지만, 웨이퍼 가장

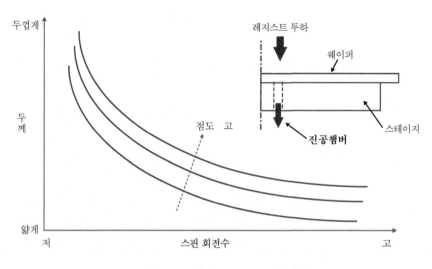

그림 6-4-1 레지스트 도포 두께의 제어

자리에 약간 두꺼워지는 부분이 발생한다. 이것을 가장자리 빌트업(edge bulit-up)이라고 하는데 이를 줄이기 위하여 가장자리 세정(edge rinse)이나 웨이퍼 뒷면으로 돌아서 들어가는 것을 방지하기 위한 후면세정(back rinse) 기능이 있다. 그림 6-4-2에 이를 도시하였다. 전술한 바와 같이 웨이퍼의 지름이 스테이지보다 큰 것은 이 과정을 위한 것이다. 레지스트와 세정액은 각각의 용기에서 수납되며 노즐부에 이송된다.

웨이퍼 표면은 친수성이 높은 경우가 있다. 특히 포지티브 형 레지스트가 잘 도포되지 않을 수 있다. 이때는 표면을 소수성으로 만들기 위하여 HMDS(Hexamethyl-

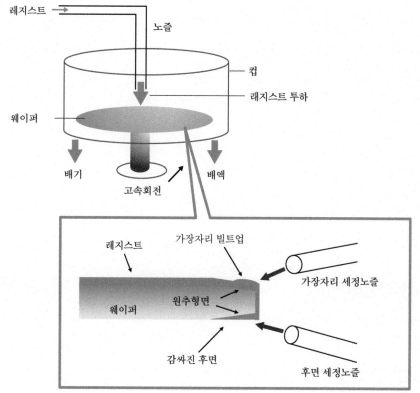

주) 웨이퍼의 가장자리면은 그림과 같이 비스듬하게 되어 있다. 이를 원추형면(베벨면)이라 하고 제대로 마무리되지 않은 영역이다.

그림 6-4-2 스핀 코터의 개념도

---

* 원추형면 : bevel의 뜻. 기계공학 분야에서는 원추형 기어를 bevel gear라 한다.

disilazane; $(CH_3)_3Si)_2H$)라는 유기 용제로 처리한다. 이것도 스핀 도포하기 때문에 이를 위한 노즐이 필요하다.

장치를 간단히 설명하였지만, 장치의 완성도를 높이기 위한 다양한 노우하우(know-how)가 필요하다. 예를 들어, 스핀에서 튄 레지스트가 컵의 주변에서 튀어 올라 웨이퍼에 다시 부착되는 것을 방지하기 위해, 스테이지 하단에 음압을 가하는 것등이 있다.

▒ 레지스트 도포장치의 요소

레지스트 도포장치는 웨이퍼 탑재·탈착부 외에 스핀 코팅부와 열처리부가 기본 구성요소이다. 레지스트나 세정액은 각각의 용기에서 공급되며, 노즐부로 이송된다. 단, 실제 레지스트 도포 장치는 독립적으로 존재하는 것이 아니라, 현상장치 및 노광장치와 시스템화되어 구성하고 있다. 레지스트 도포, 노광, 현상 등의 공정 흐름으로 인라인화 되어 있으며 이를 6-6절에서 설명할 것이다.

6-5 노광 후 필요한 현상장치

감광성 레지스트를 노광한 후 불필요한 부분을 제거하고 필요한 부분을 보존하는 방법이 현상이며 이를 수행하는 장치를 현상장치 또는 디벨로퍼(developer)라고 한다.

▒ 현상 공정이란?

그림 6-1-1에서 레지스트에는 네가티브형과 포지티브형이 있다는 것을 도시하였다. 리소그래피에서의 현상은 네가티브형 레지스트의 경우, 빛으로 중합된 부분에 상이 있으며, 포지티브형 레지스트의 경우, 빛이 닿은 부분이 수용성이 되므로 빛이 닿지 않은 부분에 상이 존재한다. 리소그래피에서 현상은 네가티브형 레지스트의 경우 광중합하지 않은 부분을 제거하는 것이며, 포지티브형 레지스트의 경우 빛이 닿은 부분을 용해시키는 작용을 말한다.

네가티브형 레지스트의 현상액은 크실렌(xylen)과 초산 부틸(butyl acetate), 포지티브형 레지스트의 경우 수산화암모늄(ammonium hydroxide) 등을 주로 사용한다.

즉, 습식 공정의 일종이다. 미세화에는 네가티브형보다 팽창없는 포지티브형이 바람직하므로 첨단 반도체 팹에서는 포지티브형 레지스트에 대한 현상장치가 사용되고 있다.

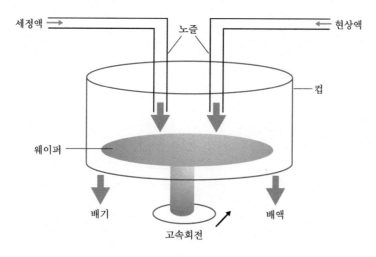

그림 6-5-1 현상장치의 개략도

▒ 실제 현상 공정과 장치

실제 현상장치는 그림 6-5-1과 같이 스핀 코터와 동일하다. 다만, 현상 후 세정할 필요가 있기 때문에, 현상액과 세정액의 두 노즐을 가진 것이 특징이다. 세정은 현상액을 씻어 내는 공정이다. 세정공정에서 린스와 같은 역할이다. 현상장치는 독립적으로 존재하는 경우는 없으며 레지스트를 중심으로 생각해 보면 레지스트 도포장치, 노광장치, 현상장치 등이 시스템화되어 구성되어 있다. 이 순서에 따라 공정이 진행되므로 인라인이라고도 하지만 이것은 6-6절에서 설명할 것이다.

▒ 현상에서 독특한 현상액 분사에 대하여

현상장치는 레지스트 도포장치나 8장에서 다루는 절연막 도포장치와 같이 노즐에서 용액을 투하하여 공정을 수행하는 장치이다. 레지스트 도포 및 막제조의 경우는 액체를 투하하여 스핀 코팅하면 만족스럽겠지만, 현상의 경우는 현상액을 웨이퍼 전체에 균일하게 투하하지 않으면 현상에서 오차가 발생한다. 그래서 그림과 같이 노즐이 아니라 웨이퍼 전체에 스프레이식으로 투하하는 슬릿(slit)형이 사용되는 경우가 있다. 이것을 그림 6-5-2에 도시하였다.

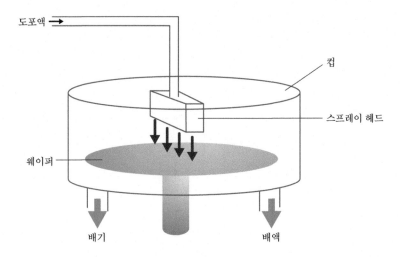

그림 6-5-2 슬릿형 현상장치의 개념도

6-6 리소그래피 장치의 일체화

지금까지 설명한 노광장치, 레지스트 도포장치, 현상장치는 각각 독립적(stand alone이라고 한다.)으로 존재하는 것은 아니다. 위의 장치가 유기적으로 어떻게 연결되어 있는지를 이 절에서 설명한다.

▥ 인라인(in-line)이란?

6-1절의 흐름에 대한 부분에서 언급한 바와 같이 레지스트 도포, 노광, 현상은 열처리를 포함하여 일련의 흐름이 있다. 일반적으로 레지스트 도포장치에서 노광장치에 들어가 현상장치로 돌아오는 시스템으로 되어 있으며, 레지스트 도포장치에 들어가기 전에 웨이퍼뿐만이 아니라 현상장치에서 나온 웨이퍼도 건조 상태를 유지하여야 하므로 이를 넓은 의미에서 건조입력·건조출력(dry-in·dry-out)[*]이라고 한다. 일반

---

[*] 건조입력·건조출력에 대해서는 3-1절에서도 설명하였다.

적으로 레지스트 도포장치와 현상장치는 노광장치와 인라인화 되어있다. 레지스트 도포장치를 코터, 현상장치를 디벨로퍼(developer)라고 칭하기 때문에 짧게 코터·디베라고 부르는 경우도 있다. 그림 6-6-1에 그 예를 도시하였다. 이 아이디어는 다양한 소자의 리소그래피 공정에도 응용되고 있다. 저자는 LCD의 TFT 어레이 기판공정에서 인라인화 된 장비를 본 경험이 있다. 4 세대 유리기판의 인라인 리소그래피 장치도 30m 정도의 길이였으며 현재 유리 기판은 대형화되고 있기 때문에 더욱 길어지고 있다.

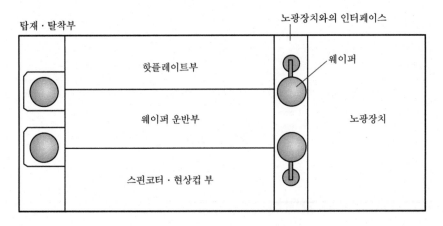

그림 6-6-1 리소그래피 장치의 인라인화

▨ 3차원화 경향

실제 반도체 팹에 설치되는 경우의 코터·디벨로퍼는 웨이퍼의 300mm 화에 따라 평면상에 설치하면 클린룸 내에서 점유면적이 문제가 된다. 그래서 코터·디벨로퍼나 핫플레이트 부분을 3차원적으로 배치하는 연구가 진행되고 있다. 그 모형도를 그림 6-6-2에 도시하였다. 이것은 각 부분의 상단에 웨이퍼 운반 샤프트를 이용한 예이다. 2장에서도 클린룸의 점유 면적을 줄이도록 제조장치를 설계한다고 설명하였지만, 현재 300mm 코터·디벨로퍼 장치는 적층된 장치로 되어 있다. 또 하나의 과제는 각 공정의 처리량의 균형이다. 레지스트 도포장치, 현상장치, 노광장치 중에서는 아무래도 노광장치의 처리량이 낮은 것이 걸림돌이 되고 있다.

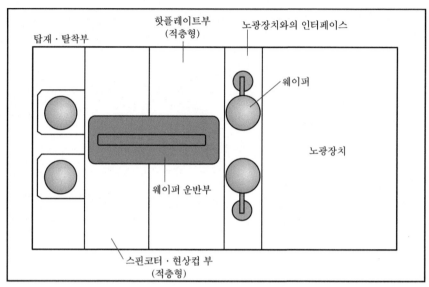

주) 그림에서는 잘 표현되지 않았지만, 웨이퍼 운반부는 그림의 좌우방향으로 이동하는 것과 지면 아래위로 이동하는 것이 가능.

그림 6-6-2 3차원화된 코터·디벨로퍼의 예

6-7 마지막으로 활약하는 에싱장치

식각 후, 마스크 재료였던 레지스트는 불필요하게 되므로 에싱(ashing)이라는 공정으로 제거하기 위한 것이 에싱장치이다.

▒ 에싱공정이란?

이전에는 식각 후, 레지스트 제거는 습식공정으로 이루어졌다. 당시는 식각도 습식식각이 주로 수행되었으며 레지스트가 건식식각 시의 손상 때문에 문제가 되기도 하였고 습식식각에 의해 제거할 수 없는 것이 없던 시절이었다. 습식으로 제거하는 전용 레지스트 박리액이 시장에 나오고 있어 레지스트 박리공정이라고 칭하였다. 그후, 습식식각에서는 식각 시 손상을 완전히 제거하기 어렵고, 또한 폐수 처리 등의 문제 때문에 건식식각 공정으로 레지스트를 제거하게 되었다. 이는 1970년대 후반 무렵부터이다. 이 건식공정에서 레지스트를 제거하는 것이 에싱(ashing)이다. 에싱은

"회분화"라고 번역된 용어에서 알 수 있듯이 레지스트 자체는 유기물이므로 산소로 연소하여 재가 된다는 의미에서 유래하였다. 그림 6-7-1에 그 공정의 흐름을 도시하였다.

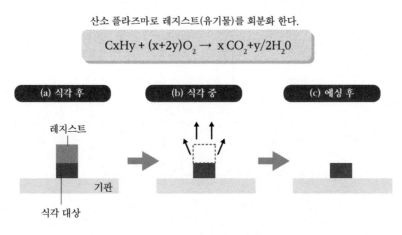

산소 플라즈마로 레지스트(유기물)를 회분화 한다.

$$CxHy + (x+2y)O_2 \rightarrow x\,CO_2 + y/2H_2O$$

(a) 식각 후   (b) 식각 중   (c) 에싱 후

레지스트

기판

식각 대상

그림 6-7-1 에싱공정의 흐름도

▒ 에싱공정 및 장치

에싱공정은 그림 6-7-1에 도시한 바와 같이 산소 플라즈마를 발생시켜 플라즈마의 산소 라디칼(radical)*로 레지스트의 유기 성분을 연소시키는 것이라고 할 수 있다. 이 공정에 사용되는 장치는 진공 챔버에 산소가스를 주입하여 플라즈마를 발생시키도록 구성되어 있다. 웨이퍼가 4인치, 5인치 정도까지는 그림 6-7-2에 도시한 바와 같이 배럴(barrel : 통)형 에싱장치가 주로 사용되었다. 에싱은 균일성을 너무 걱정하지 않아도 된다는 사고에서 널리 사용되었다. 그 후, 웨이퍼 직경이 커지면서 매엽식으로 변하고 있다. 그림 6-7-3에 그 예를 두 가지 소개하였다. 하나는 마이크로파 유형의 에싱장치이다. 이것은 마이크로파(예를 들면 2.45GHz)를 이용하여 플라즈마를 발생시키는 형태이다. 이 장치의 장점은 플라즈마 발생 챔버에 7-2절에서 설명할 평행평판형과 달리 전극을 설치하지 않아도 된다는 것이다. 물론 우측에 도시한 평행평

---

* 라디칼 ; 화학반응이 일어날 때 변화하지 않고 원래의 형태로 어떤 화합물에서 다른 화합물로 이동하는 원자의 집단

판식 에싱장치도 있다. 이는 레지스트의 변질이 큰 경우의 에싱 등에 사용된다. 에싱
장치는 다른 장치에 비해 세대교체가 빈번하지 않다는 것도 특징이다. 이것은 레지스
트를 산소 플라즈마로 제거하는 간단한 공정이기 때문이다.

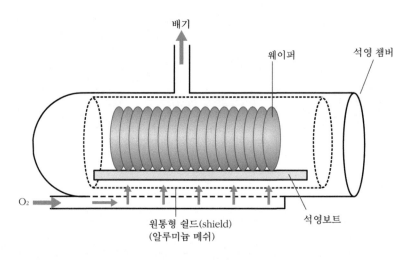

그림 6-7-2 배럴형 에싱장치

▓ 내장 에싱장치

에싱장치는 지금까지 설명한 장치에 인라인 되어 있지 않고 독립적으로 사용된다.
왜냐하면 에싱은 식각 후에 이루어지고 있기 때문에 인라인화 할 수 없는 것이 현실
이다. 에싱은 식각의 일부라고 파악하는 독자도 있을 것이다. 에싱을 식각공정에서
설명하는 책도 있다. 참고로, 예전 알루미늄 배선의 신뢰성 향상에 Cu를 넣은 알루미
늄을 사용하던 시절이 있었다. 식각에 염소가스를 사용하기 때문에 배선의 부식
(corrosion)이 문제였다. 그때는 오히려 알루미늄 식각에 에싱장치가 인라인으로 연
결되어 있었으며, 식각 후 웨이퍼를 대기에 노출시키지 않고 에싱하므로 배선 부식을
방지하였다. 이 방식을 내장 에싱장치(built-in ashing)라고 부르고 있다. 이와 같은 사
고는 지금도 배선용 식각장치에서는 계속 사용하고 있으며, 에싱 챔버를 선택적으로
붙일 수 있게 되어 있다. 또한 에싱장치를 에셔(asher)라고 부르기도 하지만 이는 일
본식 영어라고 생각한다.

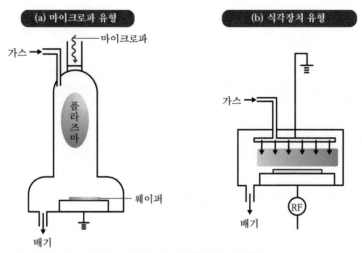

그림 6-7-3 다양한 에싱장치의 예

6-8 액침노광 장치란

ArF 광원을 이용하여 더욱 미세화를 도모하기 위해서 고안한 것이 액침노광 장치이다. 장치 자체는 6-2절에서 보여준 ArF 스캔 노광장치의 웨이퍼 스테이지에 핵심이 있다. 이 절에서 이에 대하여 설명할 것이다.

▒ 액침노광이란?

액침을 이용하지 않는 종래의 ArF 노광을 건식 ArF 및 d-ArF로 표기하는 경우가 있으며, 액침의 경우는 영어 immersion에서 i-ArF로 표기하는 경우가 있다. 어린 시절, 그릇에 젓가락을 넣거나, 컵에 빨대를 넣으면 휘어 보이는 현상을 이상하게 생각한 적이 있을 것이다. 이는 빛의 굴절 현상 때문이다. 이것은 공기 중과 수중에서 빛의 굴절률이 다르며 물속에서의 굴절률이 크기 때문에 발생하는 현상이다. 노광광원의 단파장화는 ArF(193nm)에서 한계에 도달하였다. 전술한 바와 같이 ArF 이후는 F_2 레이저(157nm)의 실용화가 검토되고 있었지만, 투명 광학렌즈의 재료를 어떻게 할 것인가 등의 문제가 있어 실용화가 어려웠다. 그래서 ArF 광원을 좀 더 사용하기 위하여 액침의 실용화에 노력한 것이다. 액침에 대한 사고는 광원을 단파장화하는 것이 아니라 언급한 바와 같이 굴절률 n을 크게 하여 실질적으로 단파장화를 도모하는 것으로써 i-ArF의 파장은 그림 6-8-1에 도시한 바와 같이 134nm에 상응할 것이다. 이 아이디어는 광학 현미경에서는 이미 실용화되었으며 이를 액침현미경이라고 한다. 그 아이디어를 반도체 공정에 응용한 것이다.

광원	광원의 파장(λ)	매질	매질의 굴절율(n)	λ/n
d-A r F	193nm	공기	1.00	193nm
i-A r F	193nm	물	1.11	134nm
d-F2	157nm	질소	1.00	157nm

주) d(dry)는 일반적인 노광, i(immersion)는 액침노광의 약자

그림 6-8-1 액침노광시 실효 광파장

▥ 액침노광 기술의 원리와 과제

액침노광은 전술한 바와 같이 노광 광원의 단파장화가 한계에 도달했기 때문에 그림 6-8-1과 같이 실질적으로 NA(Numerical Aperture ; 렌즈의 구경)를 증가시키려는 사고로부터 나온 발상이다. NA에 대해서는 6-3절을 참고하십시오. 그림에 표시한 바와 같이 웨이퍼와 렌즈 사이에 증류수를 채워두면 빛은 증류수의 굴절률에 따라

$$NA = n \sin\theta$$

로 표시된다. 증류수의 n은 193nm에서 약 1.44이므로, θ의 값이 약 70° 이상이면, NA는 실질적으로 1 이상이 된다.

실제 액침노광 장치는 그림 6-8-2에 도시한 바와 같이 증류수 공급·회수기구를 일반 ArF 스캔 노광장치에 장착한 모양이다. 침액의 안정적인 공급과 회수, 웨이퍼 표면의 노광 후 완전 건조화, 액 중에서의 거품 발생 방지 등 다양한 과제가 있었지만, 첨단 반도체 팹에 사용되고 있다. 또한 증류수보다 굴절률이 큰 이른바 고굴절률 액체의 개발도 이루어지고 있지만, 다음 절에서 설명할 이중 패터닝(double patterning)으로 발전하고 있다고 생각한다.

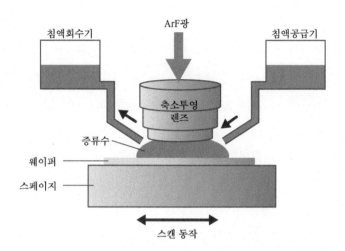

그림 6-8-2 액침 노광장치의 개요

6-9 다중 패터닝에 필요한 장치

ArF 액침을 조금 더 연장하여 사용하기 위한 방법으로 이중 패터닝이 있다. 이 절에서는 그것에 대한 문제점을 소개한다.

▓ 이중 패터닝이란?

이중 패터닝은 어디까지나 공정의 명칭이며 이중 패터닝용 장치가 있는 것은 아니다. 여기에서 다룰 것인지 고민했지만 필수 기술이므로 그 공정에서 이용하는 장치를 설명하고자 한다. 6-8절의 마지막에서 언급한 바와 같이, 해상도를 더욱 높이려면 증류수를 이용한 액침공정보다 높은 굴절률의 침액을 이용하는 방법이 고안되고 있다. 또한 굴절률이 큰 액체를 사용하면 실질적인 NA의 증대를 도모할 수 있다고 생각한다. 그러나 현장의 미세화 요구는 매우 급한 상황으로써 우선 이중 패터닝의 실용화가 선행되었으며, 어디까지나 EUV로의 연결 선상에 있다고 생각한다. 이중 패터닝은 미세한 패턴을 그리는데 두 번의 노광을 실시하자는 사고에서 출현하였다. 즉, 한 번의 노광에 의한 해상도를, 두 번 노광함으로써 그 해상도를 향상시키려는 것이다.

▓ 어떤 장치가 사용되는 것인가?

대표적인 이중 패터닝 공정을 그림 6-9-1에 도시하였다. 그림에서 일반적인 리소그래피 방법과 비교하면 알 수 있듯이 1차 노광에서 하드마스크에, 2차 노광에서 레지스트에 각각 최소 선폭의 패턴을 그림으로써 동일한 피치(pitch)로 2배의 패턴을 형성할 수 있는 방법이다.

단, 그림 중에도 나타냈지만, 막제조 장치 및 식각 장치 등을 사용하는 복잡한 공정이다.

한편 두 번 노광하는 것은 고액의 최첨단 노광 장치의 사용 횟수가 증가하여 높은 고단가 공정이 된다는 점에서 일회 노광방법도 생각할 수 있다. 그림 6-9-2는 그 하나의 예를 도시하고 있다. 이것은 막제조법과 에치백(etchback)*법을 이용하여 하드마스크에 사이드웰을 형성하여 노광장치가 가지는 해상도 이상의 밀도 패턴을 얻는다는 것이다. 그림이 번잡하게 되기 때문에 어떤 장비가 필요한지 기입하지 않았지만, 그림 6-9-1과 같은 공정 장치를 사용할 수 있다.

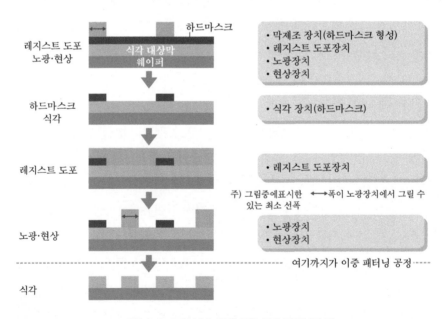

그림 6-9-1 두 번 노광에 의한 이중 패터닝의 예

---

* 에치백 ; 평탄화를 위한 공정

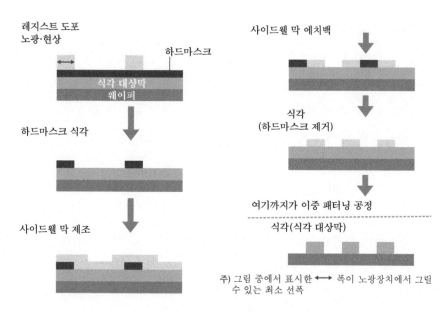

그림 6-9-2 이중 패터닝의 예

사이드월 막은 막제조 장치에서 형성되지만 하드마스크와 상이한 막을 사용해야 한다. 이는 하드마스크만을 선택적으로 습식식각으로 제거할 필요가 있기 때문이다. 예를 들어 하드마스크에 실리콘 산화막을 그리고 사이드월에 실리콘 질화막을 사용한다. 모두 플라즈마 CVD로 형성할 수 있다. 이 방법은 노광장치를 한번 밖에 사용하지 않지만, 막제조와 식각이 이전 방법보다 한 번씩 증가하게 될 것이다. 어떤 방법이든 모두 일반 리소그래피 장치와 다른 막제조 장치 및 식각장치가 필요하기 때문에 장치회사에서도 이중 패터닝에 관심을 가지고 있다.

이번에 소개한 사항 이외에도 다양한 방법이 제안되고 있다. 아래에도 설명하겠지만, 잠시 이중 패터닝의 시대가 계속되면, 저비용 공정의 요구와 이에 대한 기술의 발전이 있을지도 모른다. 실제로 반도체 제조장치 회사나 LSI 패턴 디자인을 하는 회사 간의 공동연구도 진행되고 있다. 더욱이 이중 패터닝을 반복하는 기술의 개발도 진행되고 있어 이중 패터닝 이라기보다는 다중(멀티) 패터닝의 시대가 되고 있다.

▒ 향후의 과제

문제점으로는 공정이 확실히 복잡하다는 점과 그림 6-9-1이나 6-9-2에서도 추측되는 바와 같이, 라인 패턴에 다른 라인 패턴을 남기고 사이드웰 공정*을 이용하기 때문에 라인이 일정한 간격(pitch)으로 반복하는 특정 패턴에 이 방법이 활용된다는 점이다. 즉 패턴 형상에 따라 적합·부적합이 나올 수 있다는 것이다. 또한 실제로 마스크 디자인 단계에서 인접 패턴과의 균형이나 가공 오차의 감소 등도 과제이다. 따라서 현재는 마스크 디자인이나 시뮬레이션 기업 등과의 공동개발이 진행되고 있다.

향후 EUV가 실용화될 때까지는 액침+다중 패턴이 사용될 것이다. 당초 액침과 EUV 사이의 세대 연결기술로 간주되었지만, 현재는 액침공정의 연장 기술이라는 견해도 있다라고 생각한다. 단, EUV의 완성도가 단숨에 올라가면 또한 변화할지도 모르기 때문에, 향후의 동향에 주목하십시오.

6-10 초미세화를 추구하는 EUV 장치

궁극의 노광광원이라고 하는 것이 EUV이다. 향후 미세화 패턴 제작의 후보로 양산 과정에 도입 예정되어 있기 때문에 이 절에서 설명할 것이다.

▒ EUV 노광기술이란?

EUV란 Extreme Ultra Violet (극자외선)의 약자이다. 양산 장치로는 아직 풀가동하고 있는 것은 아니며, 양산을 위한 평가가 이루어지고 있는 상황이다. 이미 평가용 장비는 2011년에 출시되었으며 선행 반도체 제조업체 및 연구기관에 의해 평가가 진행되었다. 따라서 여기에서 다루는 것이 좋은 것인지 의문이지만, 업체 뉴스 등은 다양하게 보도되고 있기 때문에, 원리나 문제점을 중심으로 설명할 것이다.

---

* 사이드웰 공정 : 그림 6-9-2처럼 라인 패턴의 측벽 (side well)에 별도의 막을 남기는 것을 이용하는 공정

EUV는 기존의 광 노광기술에서 크게 도약한 광원을 사용하는 것이 특징이다. 사용 파장은 13.5nm로 ArF 광원의 파장 193nm의 10분의 1 이하의 파장이다. 따라서 지금까지 언급한 바와 같이 노광장치, 마스크, 레지스트 등 많은 것들이 기존 제품과는 크게 변화하고 있다. 먼저 큰 차이는 이 파장영역에서는 투과 렌즈형 축소광학계를 사용할 수 없는 것이다. 그래서 그림 6-10-1에 도시한 바와 같이 거울을 이용한 축소광학계를 사용하고 있다. 광원인 EUV광을 마스크에 반사시켜 그것을 여러 비구면 거울을 이용한 반사광학계를 이용하여 웨이퍼에 패턴을 전사한다.

▥ 반사광학계 및 마스크

반사광학형 마스크이므로 기존의 투과광학계의 마스크와 다르다. 그림 6-10-2에 투과광학 마스크와 비교한 예를 도시하였다. EUV 노광에는 EUV광을 반사하는 Si/Mo의 적층형[*] 마스크를 이용한다. 마스크 패턴은 그 위에 EUV광을 흡수하는 흡수체를 식각으로 형성하여 제작한다. 흡수체는 Cr, W, Ta(TaN) 등이다. 식각 정지막 (etching stopper)은 식각 시 하층의 Si/Mo 적층막을 식각하지 않도록 마련한 층이다. 구조적으로 매우 어려운 마스크 제작법이라고 예상하기 때문에 EUV 노광은 마스크 제작 자체도 큰 문제이다. 제작법뿐만 아니라 반사계 마스크의 검사 방법의 확립, 페리클(pellicle)[**] 운영방법 등을 어떻게 대체할 것인지 등의 과제가 있다. 패턴을 형성하지 않은 블랭크 마스크(blank mask)의 검사에서도 EUV 자신의 위상결함 검출 등의 문제가 있다.

---

[*]   Si/Mo의 적층형 ; 참고로 원리를 소개하면, 무거운 원소와 가벼운 원소를 EUV 광 파장의 절반 (약 6.5nm)에 40층 이상 위에 겹쳐서 의사적인 격자를 형성하여 X선의 브래그 반사와 같은 원리로 반사한다.

[**] pellicle ; 마스크 (레티클)에 파티클이 부착되는 것을 방지하기 위해, 마스크 가장자리에 형상이 없는 곳에 부착하는 투명 유기 박막. 양산 현장에서는 필수이다.

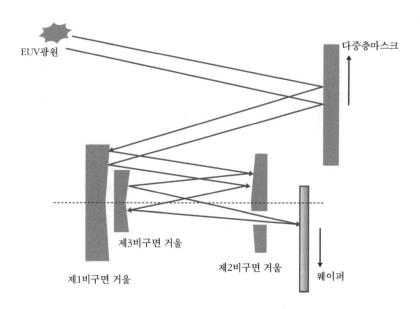

그림 6-10-1 EUV 노광장치의 개요

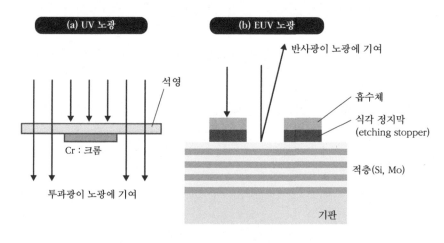

그림 6-10-2 UV 노광과 EUV노광용 마스크의 비교

EUV 노광장치의 과제

상술한 바와 같이 마스크 제작법과 안정적으로 양산기에 탑재 가능한 EUV 광원, 반사 광학계, 레지스트 개발이 기존의 리소그래피 기술과 비교하면 큰 과제이다. 구미에서는 컨소시엄 중심으로 실용화가 진행되고 있다. 일본에서도 MIRAI, Selete,

EUVA 등의 컨소시엄에서 실용화가 진행되고 있다.

2011년에는 일본에서 지금까지의 활동을 통합하는 형태로 주식회사 EUVL기반 개발센터 (EIDEC)가 설립되어 활동을 진행했지만 2019년 3월에 해산하였다. 이는 일본의 최첨단 미세 패턴의 요구가 저하되었기 때문이다. 구미에서는 여전히 공동연구가 진행되고 있으며, EUV장비를 개발 및 제조하고 있는 ASML이 벨기에의 공동연구 회사 IMEC(Interuniversity MicroElectronics Center)로 발전하고 있다.

이 책에서는 언급하지 않았지만, EUV 광원의 고출력화 등도 양산을 위한 중요한 과제이다. EUV 광원은 2개의 방식이 있으며 일본의 광원 메이커도 참가하고 있다. 액침이나 이중 패터닝, EUV 기술에 대해서는 시시각각 최신 기술이 도출되고 있으니 관심 있는 분들은 최신 기술 동향에 주목하십시오.

컬럼

EUV 기술의 역사

EUV는 고심 끝에 탄생한 명칭이라고 생각한다. 들은 이야기인지 읽은 이야기인지 잊었지만, 미국에서 연 X선을 이용한 노광기술의 개발에 예산을 배정하기 위하여, X선이라는 용어를 사용하였다면, 현대적인 용어를 사용하여 구분하기 위하여 EUV라는 명칭을 사용하는 것이다. 이는 1990년대 중반 무렵의 이야기이다. 그 후, 인텔을 비롯한 미국 반도체 선두기업이 공동으로 EUVLLC라는 연구조합을 만들고 연구를 가속하였다. 일본에서도 1998년에 ASET 내에 EUV 연구실을 만들고, 이후 다양한 연구의 기초가 되면서 연구개발을 가속화하고 있다. 원래 X선을 노광원으로 사용하려는 발상은 광원의 단파장화의 흐름속에서 70년대부터 존재하고 있었다. 당시는 l nm 정도의 파장을 이용한 1 대 1 노광으로 기억한다. EUV 노광의 특징은 4 대 1의 축소 노광이다. 축소 노광법 때문에 활로가 펼쳐졌다고 개인적으로 생각한다. EUV 기술은 새롭게 보이지만 알고 보면 사실 오랜 역사적인 배경도 있는 것이다.

6-11 마스크 형성기술과 장치

마지막으로 리소그래피 공정에서 사용하는 마스크(레티클)의 제조장치에 대하여 설명한다. 최근 마스크의 구조와 마스크 패턴을 형성하는 장치에 대하여 설명한다.

▒ 마스크(레티클)의 발전

일반적으로 자외선 노광용 마스크는 석영기판에 크롬과 크롬산화물의 적층막으로 패턴을 형성한 것이다. 그림 6-11-1에 이를 도시하였다. 이 마스크는 전문 제조업체에서 만들고 있다. 반도체 제조회사에서도 자체 생산하던 시절도 있었지만, 미세화의 진전과 함께 전문 제조업체로 제작을 의뢰하여 만들고 있다.

그러나 미세화의 요구에 따라 단순히 크롬 패턴만이 아닌 첨단 LSI의 실제 마스크는 초해상기술*로서, 위상 변화와 OPC가 채용되고 있다. 그림 6-11-2와 6-11-3에 그 예를 도시하였다. 위상 변화와 OPC에 대한 자세한 설명은 생략한다. 위상 변화법은 그림에서 나타낸 바와 같이 마스크 패턴의 끝부분을 특수 가공처리 하여 노광시 빛의 위상을 180° 밀어서 해상도를 높이는 것이다. OPC는 Optical Effect Correction의 약자로 마스크에 패턴 보정용 보조 패턴을 형성하여 빛의 근접효과**를 억제하여 해상도를 향상시키는 방법이다. 위 설명은 단지 최첨단 미세가공 마스크 제조는 높은 비용이 소요되는 것으로 이해하는 것이 중요하다. 첨단 LSI의 마스크 1세트 자체도 10억원이 넘을 것이다.

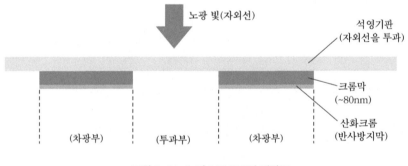

그림 6-11-1 마스크 구조의 개략도

---

* 초해상기술 ; 여기에서는 마스크에 연구를 집중한 것을 설명한 것이다. 그 밖에도 변형 조명 등의 방법이 있다.

** 근접효과 ; 빛은 파동의 성질을 가지므로, 근접하는 다른 파동과 간섭하여 상이 흐려진다.

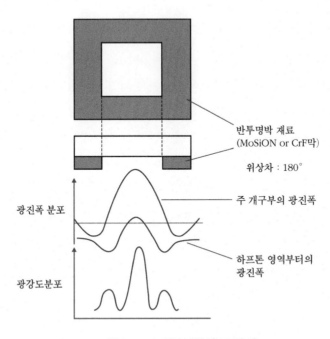

반투명박 재료
(MoSiON or CrF막)

위상차 : 180°

광진폭 분포

주 개구부의 광진폭

하프톤 영역부터의
광진폭

광강도분포

그림 6-11-2 위상 변형 마스크의 예

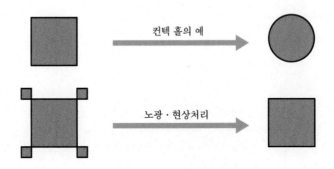

컨텍 홀의 예

노광 · 현상처리

그림 6-11-3 OPC의 예

▨ EB 묘사장치에 대하여

마스크 패턴을 직접 형성하는 것이 EB 장치이다. EB는 Electron Beam의 약자이다. 전자빔이라고도 한다. 그림 6-11-4에 개략적으로 도시하였듯이, 전자총에서 발사된 전자선*을 이용하여 전자선에 감광되는 레지스트(자외선 노광용의 레지스트와는 전혀 다르다)에 패턴을 형성하는 것이다. 전자선의 발생에 대해서는 10-5절에서 설명할 것이다.

저자가 어렸을 때, 자외선 노광기술은 1 μm까지 사용가능하였으며 서브마이크론 (1μm 이하의 크기로, 지금은 그리운 말이 되었다.)은 EB묘사 리소그래피를 사용하였다. 6-3절에서 언급한 바와 같이 자외선 노광방식이 단파장 광원의 개발과 함께 계속 사용되고 있다. 물론, 광원의 개발뿐만 아니라 렌즈와 레지스트의 개발, 나아가서는 초해상 기술의 개발 등이 이 분야에 종사한 많은 선구자들의 노력의 산물이다. 그 결과, EB묘사 기술은 노광장치라기 보다는 마스크 묘화기로 분류하고 있다. EB묘사 기술의 단점은 빔을 스캔해야 하기 때문에 웨이퍼 하나 또는 마스크 1장씩 처리하므로 처리량이 작은 문제점 때문에 멀티빔 형태의 장치나 점형태의 빔이 아닌 가변 성형빔형 장치 등이 개발되고 있다. 현재에도 EB묘사 장치 및 응용을 연구·개발 도구로 사용하는 경우가 있다.

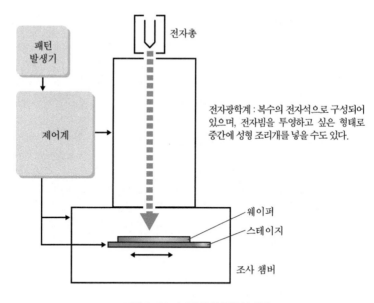

그림 6-11-4 EB묘사 장치의 개요

---

* 전자선 ; 에너지에 대해서는 그림 6-3-2 참조

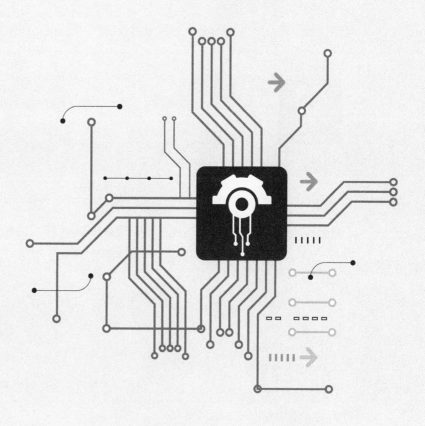

CHAPTER **7**

식각장치

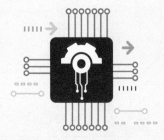

이 장에서는 리소그래피 공정에서 형성한 레지스트를 이용하여 식각을 수행하는 식각장치에 대해 설명한다. 광범위하게 이해를 돕기 위하여 과거의 식각장치와 최신 식각장치에 대해서도 언급할 것 이다.

7-1 식각공정 및 장치

식각장치를 이용하면 첨단 리소그래피 장치에서 형성한 레지스트 패턴을 완벽하게 미세가공 할 수 있을 것이다. 이를 위해 이방성 가공*이 필요하다.

▒ 식각공정이란?

식각은 건식식각이라고 하는 저온 플라즈마(7-3절 참조)를 이용한 식각이 주로 사용된다. 물론 용액을 이용한 습식식각도 일부 사용되고 있지만, 이 책에서는 건식식각에 대하여 설명할 것이다. 이 공정은 첨단 리소그래피 장치에서 형성한 레지스트 패턴에 대하여 완벽히 미세화 가공을 시행하는 것이다.

식각공정의 흐름과 웨이퍼를 중심으로 본 식각장치를 그림 7-1-1에 도시하였다. 그림에서 에싱이란 식각이 종료되어 불필요하게 된 레지스트를 제거하는 공정이며, 에

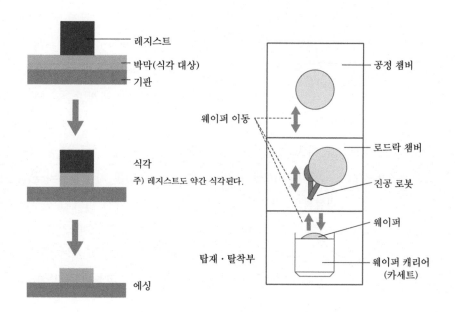

그림 7-1-1 식각공정의 흐름도와 장치

---

* 이방성 가공 ; 좁은 의미로는 레지스트 마스크의 치수대로 치수변환차가 없는 식각가공을 뜻하며 넓은 의미에서는 일정한 방향으로만 식각이 진행되는 것을 뜻한다.

싱장치에 대해서는 6-7절에서 언급하였다. 웨이퍼의 움직임을 중심으로 서술한 식각 장치의 개념도가 그림 7-1-1의 오른쪽 그림이다. 이 그림은 단순한 예로서, 식각 챔버가 하나뿐인 장치를 도시하고 있다. 따라서 운반 로봇은 탑재·탈착 포트에서 식각 챔버에 웨이퍼를 운반하는 진공 로봇을 의미한다. 또한, 그림이 좀 복잡하게 그려져 있지만 공정 챔버와 로드락(loadlock) 챔버 사이 및 로드락 챔버와 탑재·탈착부 사이에는 게이트 밸브가 설치되어 있다. 이것은 양측의 진공도 차이를 감안한 것으로써, 로드락 챔버를 일단 진공상태로 하여 공정 챔버 측 게이트 밸브를 열어 웨이퍼를 운반하고 종료 후 닫는다. 공정 종료 후 공정 챔버 측에서 게이트 밸브를 열어 웨이퍼를 꺼내고 게이트 밸브를 닫은 후 로드락 챔버를 대기압으로 하고 탑재·탈착부의 게이트 밸브를 열어 웨이퍼를 운반한다.

식각장치도 공정 챔버를 주체로 클러스터화(→ 7-5절)된 장치가 주로 사용된다. 이것은 여러 개의 식각 챔버를 갖는 장치이다. 식각 시에 플라즈마를 발생시키는 것이 식각장치의 큰 특징이기 때문에 그것에 대해 다음 7-2절에서 설명할 것이다.

먼저 식각공정에 대하여 설명한다. 그림 7-1-1의 왼쪽에 도시하였지만, 우선 레지스트 패턴을 리소그래피 공정에서 식각 대상물에 형성한다. 이 레지스트는 식각 마스크가 되므로 레지스트 마스크 또는 간단히 마스크라 부르는 경우도 있다. 다음 건식식각장치에 넣어 레지스트를 마스크로 하여 식각을 실시한다. 매개변수가 되는 것은 가스와 그 조성비, 식각 시의 압력, 웨이퍼 스테이지의 온도 등이다. 이때 그림에도 기술하였지만, 레지스트도 다소 식각된다. 레지스트의 식각속도와 식각 대상물의 식각속도의 비를 레지스트 선택비라고 한다. 또한 웨이퍼 내에서도 식각속도의 균일성을 고려하여 일부 식각 대상물의 밑부분(기초부분)이 보일 때까지 식각이 진행되어도 식각을 계속 시행하는 이른바, 과식각(over etching)을 실시한다. 그 때 기초부분도 식각된다. 레지스트의 경우와 마찬가지로, 기초부분과 식각 대상물의 식각속도의 비율을 식각 선택비라고 한다. 모두 큰 수치가 바람직한 것은 말할 필요도 없을 것이다. 또한 식각속도를 "etching rate"라고 부른다.

이상과 같이 식각장치에서는 웨이퍼 내에서의 식각속도의 균일성이 중요하다. 따라서 종점 검출기능도 필요하며, 그것에 대해서는 CMP 장비와 함께, 9-6절에서 설명할 것이다. 식각의 경우 플라즈마의 발광 파장을 모니터하는 방법 등이 있다.

6장에서도 언급하였듯이 최소 치수 리소그래피 장치는 매우 고가이다. 그것을 활용하려면 치수대로 식각를 수행하는 것이 중요하다. 식각 전후의 치수 변화를 치수변환차라 하며 그림 7-1-2에 도시하였다. 또한, 용액을 사용하는 습식식각은 등방성 식각이다. 그러나 실제로는 레지스트 바로 아래에서 식각액이 주입되므로 상당한 치수변환차가 생길 수도 있다. 그것을 측면 식각(lateral etching)되었다고 한다.

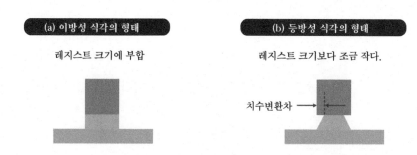

그림 7-1-2 식각에 의한 치수변환차

컬럼

로드락이 없는 건식 식각장치

건식 식각장치가 반도체 업계에서 광범위하게 보급된 배경에는 로드락 장치의 도입 때문이라고 생각한다. 지금은 상식이 되어 있기 때문에, 그림은 굳이 도시하지 않았지만 로드락이란 공정 챔버를 항상 진공 상태로 두고, 웨이퍼를 공정 챔버로 이송하기 위하여, 공정 챔버 바로 전의 챔버를 한번 진공상태로 한 후, 이송하는 것이다(그림 7-1-1 참조). 저자가 젊었을 때, 건

식 식각장치는 로드락이 없는 것으로 특히 알루미늄 등 식각의 재현에 매우 고생하였다. 그 후, 식각장치에 한정하지 않고 로드락의 탑재가 일반화되었지만, 연구 개발에 사용했던 장치는 로드락이 없어 진공도를 올리고자 진공 펌프를 오일 확산펌프에서 터보 분자펌프로 개조한 적도 있었다.

7-2 식각장치의 구성요소

건식식각에는 플라즈마가 필수적이며 막제조용 플라즈마 CVD에도 이용하고 있다. 이 절에서는 식각장치의 구성 요소 및 전극 구조에 대해 설명할 것이다.

▒ 식각장치의 요소

식각장치의 주요 구성 요소는 장치의 형식에 관계없이 거의 일정하다. 또한 막제조 장치 중 플라즈마를 사용하는 장치에 공통적으로 이용하고 있으므로 이 절에서 설명할 것이다. 주요 구성 요소는 대체로 그림 7-2-1과 같이 나타낼 수 있다. 즉,

---

① 공정 챔버 (종점 검출 기능)
② 진공시스템 (배관, 각종 밸브, 펌프, 압력 조절기능 등)
③ 가스공급 시스템 (배관, 각종 밸브, 가스봄베 등)
④ 고주파 전원
⑤ 제어 시스템

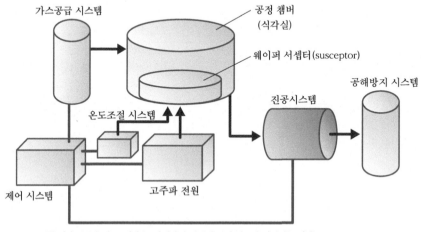

주) 기타 구동용 가스, 냉각수, 안전감시 시스템 등이 있으나 여기서는 생략

그림 7-2-1 식각장치의 구성

등이다. 이 밖에 웨이퍼 운반 장치와 웨이퍼 스테이지의 온도 조절장치, 폐가스 처리 장치 (그림 중에 공해방지 시스템으로 기입하였다.) 등도 실제 장치에서는 필요하다. 요점은 공정 챔버를 진공상태로 하여 원하는 가스를 공급하고 고주파에 의해 저온 플라즈마를 발생시켜 식각함으로써 원하는 막을 형성하는 반응을 수행하는 장치이다. 저온 플라즈마에 대해서는 7-3절에서 설명할 것이다.

▓ 건식 식각장치의 공정 챔버란?

건식 식각장치의 공정 챔버는 그림 7-2-2에 도시한 바와 같이 두 개의 평행하게 마주 보고 배치된 전극의 한쪽을 접지하여 다른 쪽에 고주파[*]를 인가할 수 있도록 구성한 것이다. 그 구조에서 평행평판형이라고 한다. 이 책의 구성상 6-7절의 에싱장치에서 이미 설명하였다. 또한 그림과 같이 고주파와 매칭할 수 있는 매칭 박스, 챔버를 진공상태로 만들기 위한 진공 펌프 시스템, 식각가스를 주입하는 가스계 등이 추가되어 있다.

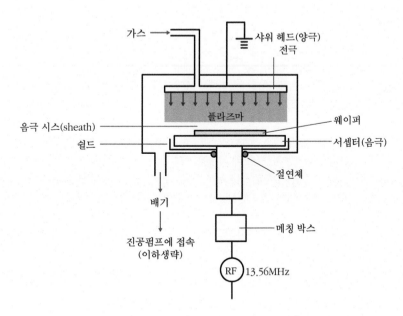

그림 7-2-2 식각장치의 공정 챔버 구성요소

---

* 고주파 ; 그림에서는 RF라고 적고 있는데, 이것은 Radio Frequency의 약자이다. 전파법에서 사용할 수 있는 파장이 정해져 있으며 일반적으로 그림과 같이 13.56MHz를 사용하고 있다.

그림은 접지측 전극에 샤워 상태로 가스를 분출하게 하고(샤워 헤드 전극이라고도 함), 고주파를 인가하는 전극 측에 웨이퍼를 장착(서셉터-susceptor 라든지 스테이지 -stage라고도 함)할 수 있게 되어 있다. 이것을 캐소드(음극) 커플(couple)이라고 한다.

이렇게 하여 챔버가 10^{-2} ~ 10^{-3}Pa (파스칼*) 정도의 압력 상태에서 가스를 주입하고, 압력을 10^{-1}Pa 전후하여 전극 사이에 전계를 인가하여 방전시킨다. 진공상태가 아니라도 예를 들어, 낙뢰나 겨울에 건조했을 때의 정전기 방전과 같이 방전이 발생하지만, 이는 순간적이며, 반도체 공정에서는 플라즈마 방전을 지속해야 하므로 위와 같이 진공상태에서 전계를 인가시킨다. 이와 같이 반응성 식각가스를 사용하는 방식을 반응성 이온식각(RIE : Reactive Ion Etching)이라고 한다. 이 방식이 출현한 경위는 7-4절에서 설명할 것이다. 현재는 이 반응성 이온식각이나 7-6절에서 언급할 고밀도 플라즈마를 이용한 식각을 건식식각이라고 총칭하고 있다.

컬럼

장치의 장애에서 배운 것

7-1절에 이어 계속 이야기합니다만, 진공 시스템을 개조한 것은 실리콘을 트렌치(trench)식각하려고 생각하고 있었던 1980년대 중반의 이야기입니다.

요즘은 DRAM용 트렌치 커패시터의 개발을 반도체 회사에서 실시하고 있지만 당시 염소계 가스를 사용하려고 생각하고 있었으므로, 염소계 가스를 로드락없이 식각에 사용하면 재현성을 얻을 수 없었던 경험(알루미늄 식각도 염소계 가스를 사용한다.)에서 그 실험 장치의 진공펌프를 유화산 펌프에서 분자펌프로 개조한 것이다. 순조롭게 진행되어 실리콘 트렌치 시각도 좋은 결과를 얻을 수 있었다.

또한 당시의 장치는 진공이나 가스 주입이 순서대로 스스로 조작해 수행하는 것이 대부분이었으므로, 진공 펌프 및 장비를 연구하게 되었다. 현재 양산 장치는 스위치를 누르면 컴퓨터에서 장치가 움직이기 때문에, 장치가 고장이라도 나지 않으면 공부가 되지 않을지도 모른다. 또한 반도체 엔지니어가 공정 장치를 직접 운전하는 것도 감소하고 있다고 생각한다. 저자의 경험으로부터 말하면 장치의 장애야말로 그 장치를 이해하는 가장 좋은 기회라고 생각한다. 상사에게 꾸중을 듣는 것은 어쩔 수 없지만.

---

* 파스칼 ; 압력의 단위. Pa로 표현. 대기압 (1 기압)은 약 1013hPa (헥토파스칼 : 헥토는 100을 의미하는 접두어). Pa 이전 자주 사용된 Torr로 환산하기 위하여 약 133으로 나누면 된다.

7-3 고주파 인가방법과 식각장치

플라즈마를 발생시키기 위해 고주파 인가가 필요하다. 이것은 막제조용으로 사용하는 플라즈마 CVD 장치 또는 스퍼터링 장치에서도 마찬가지이다. 이 절에서 상세히 설명할 것이다.

▒ 플라즈마 발생에 필요한 것은?

플라즈마를 반도체 공정에 도입할 때, 여러 가지 걸림돌이 있었다. 플라즈마의 전하에 의한 피해가 우려됐기 때문이었다. 이것은 8-6절 플라즈마 CVD에서도 조금 설명되어 있다. 플라즈마는 대략적으로 표현하면 이온화된 기체이며, 전체 전하의 균형은 중성이 되어 있는 것으로 생각하십시오. 반도체 공정에서 사용하는 것은 일반적으로 저온 플라즈마라고 칭하고, 핵융합 등에서 사용하는 고온 플라즈마*와는 구별하고 있다. 그것은 어떻게 발생시키는 것일까? 그림 7-3-1에 플라즈마 발생의 모습을 도시하였다. 우선, 챔버를 진공상태로 하고 원하는 가스를 주입시킨다. 그 후, 방전이 일

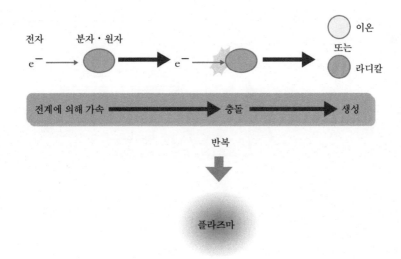

그림 7-3-1 플라즈마 생성 메카니즘

---

* 고온 플라즈마 ; 전자 온도가 높은 플라즈마를 말한다. 전자 온도가 높다는 것은 전자가 높은 에너지를 가진다는 것을 의미한다.

어나는 압력으로 버터플라이 밸브(butterfly valve) 등을 이용하여 설정한다. 압력이 안정되면 고주파를 인가하여 방전시킨다. 방전할 때 발생하는 전자가 가스 분자에 충돌하고 이로 인하여 이온 및 중성 활성종인 라디칼이 생성되고 이를 여러번 반복하면 플라즈마가 발생하는 것이다.

▦ 플라즈마 전위란?

2개의 전극이 평행하게 마주 보는 평행평판형 전극에 플라즈마를 발생시키면 플라즈마 자체(벌크 플라즈마 ; bulk plasma)와 전극 부근에서의 플라즈마간에는 전자와 이온의 이동도 차이에 의해 전위차가 발생한다. 이를 플라즈마 전위(plasma potential)라고 한다. 벌크 플라즈마와 기판 사이에 생긴 전위가 변화하는 부분을 시스(sheath ; 칼집모양)라고 한다. 이 시스가 막제조나 식각에서 중요한 역할을 한다. 이들을 그림 7-3-2에 도시하였다.

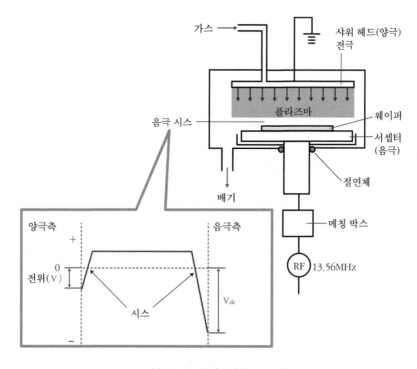

그림 7-3-2 플라즈마의 음극 시스

▥ 음극 커플의 장점

어느 전극에 고주파를 인가하느냐에 따라 결과는 완전히 달라진다. 일반적으로는 그림 7-3-2에 도시한 바와 같이 음극 측, 즉 고주파를 인가한 쪽의 시스의 전위가 커진다. 이에 대한 자세한 설명은 이 책의 취지와는 다르기 때문에 생략하며 플라즈마의 특성에 의한 것이다.

음극 측 시스를 그림 7-3-2에 도시한 것처럼 음극 시스라고 하며 그 전위를 V_{dc}라고 한다. 따라서 음극 측에 웨이퍼를 놓고 식각을 실시하면 음극 시스 효과로 더욱 이방성 식각이 발생한다. 또한, 이 음극 시스를 자기 바이어스 또는 셀프 바이어스라고 부르기도 한다. 오래된 책 등에는 그렇게 적어 놓은 것도 있다.

▥ 공정으로 분류한 식각장치

최근의 양산용 식각장치는 실리콘·폴리실리콘용, 절연막용, 금속막용으로 대별된다. 금속을 반도체 산업에서는 메탈이라고 부르는 것이 습관이 되어 있다. 물론 이는 배선에 사용한다. 각각의 장치는 지금까지 설명한 구성 요소에 차이가 있는 것은 아니다. 사용 가스 등이 다를 뿐이며 큰 차이가 있는 것은 아니다.

단지, 식각 챔버 내의 부재의 재질과 종점 검출기능 등은 각각의 식각 대상 재료에 적합한 것을 사용한다. 식각장치의 제조업체가 각각 실리콘·폴리실리콘용, 절연막용, 금속막용으로 구별하고 있는 것이 일반적이다. 이것은 식각장치의 메인 프레임은 공통적으로 사용하고, 각각의 식각 대상 재료에 따라 옵션이나 부재 등을 상품화하고 있다는 것이다.

참고로 서술하면, 식각장치에 한정된 것은 아니지만, 제조장치의 제품 이름도 메인 프레임이 공통적으로 사용되는 경우, 공통 명칭을 사용할 수 있다. 또한 메인프레임을 플랫폼이라고 부르기도 한다. 이는 7-5절에서 설명하겠지만 식각장치 및 막제조장치의 클러스터화가 진행되고 있기 때문이다. 6장 리소그래피 장치에서도 언급했지만, 노광장치, 레지스트 도포장치, 현상장치의 일체화가 이루어지고 있는 것도 같은 맥락이다.

7-4 식각장치의 역사

기상 식각반응을 일으키는 식각장치는 다양한 역사를 거쳐 현재와 같은 형태가 되었다. 이 절에서는 그 역사에 대하여 설명한다.

▒ 건식식각의 등장

원래 식각공정은 식각 대상물을 화학적으로 용해하는 용액에 레지스트를 패터닝한 웨이퍼를 담가 수행하는 습식식각이 주류였다. 그러나 습식식각은 등방성 식각으로써 미세화에 대응할 수 없어서 1970년대의 $3\mu m$ 디자인 규칙에서부터 플라즈마를 사용하는 건식식각을 사용하게 되었다. 그러나 오늘날에도 습식식각은 치수변환차[*]와 관계없이 공정에 잘 사용되고 있다는 것을 첨언해 둔다.

이전에는 그림 7-4-1에 도시한 바와 같이, 배럴(통)형으로 불리는 식각장치도 있었다. 이것은 6-7절에서 설명한 에싱장치와 동일한 구조이다. 그러나 산소가스가 아니라 식각용 프레온계 가스(CF_4 또는 CF_4+O_2 등)를 주입시킨다. 마찬가지로 도시하지

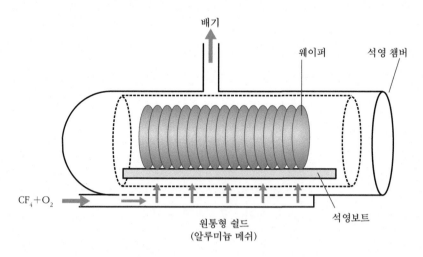

그림 7-4-1 배럴형 건식식각장치

---

[*] 치수변환차 ; 레지스트 패턴치수와 식각 후 식각 대상물 치수의 차이. 미세가공에서는 이 차이가 적은 것이 바람직하다.

는 않았지만, 고주파 코일이 석영 챔버를 덮는 형태로 설치되어 있고, 플라즈마를 발생시키도록 되어 있다. 원통형 쉴드는 이온을 차단하며, 라디칼만으로 식각이 진행된다. 따라서 역시 등방성 식각 형태가 된다. 다만, 습식식각처럼 레지스트 마스크 바로 아래에 식각액의 침수 등이 발생하지 않는다는 장점이 있다. 그러나 1 μm 디자인 규칙에서는 충분하지 않다. 또한 배럴형의 식각장치는 그림과 같이 배치식이므로 대량의 웨이퍼를 처리할 수 있지만 처리시간이 길며, 에싱은 레지스트를 제거할 뿐이므로 그다지 문제가 되지 않으나 배치 내에서 식각의 균일성이 문제가 되었다.

▒ 건식 식각장치의 변천

다음으로 고안한 건식 식각장치는 그림 7-4-2(a)에 도시한 바와 같이 두 개의 평행하게 배치된 전극의 한쪽을 접지하고 다른 쪽에 고주파를 인가할 수 있도록 구성한 것이다. 물론 메칭을 취할 수 있는 메칭 박스, 챔버를 진공상태로 만들기 위한 진공 펌프시스템, 식각가스를 주입하는 가스계 등이 추가되어 있다. 또한, 7-2절에서 언급했듯이 그림에서 위쪽 전극에서 샤워 모양으로 가스를 분출하도록 한다(이를 샤워 헤드 전극이라고도 함). 처음에 생각한 것은 전극 사이를 좁게하고(narrow gap이라고 한다.) 접지 전극 측에 웨이퍼를 놓도록 되어 있었다.

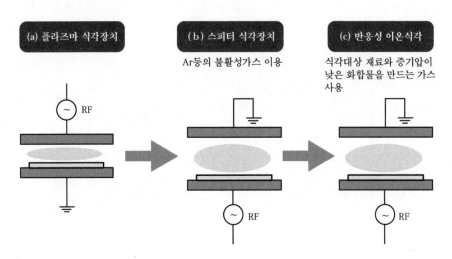

그림 7-4-2 건식시각 장치의 역사

이것을 에노드(anode ; 양극) 커플이라고 한다. 또는 플라즈마 식각이라고 부르는 경우도 있다. 특히 오래된 문헌에서는 그렇게 기록되어있는 경우가 있다. 이 방법은 다소 등방성 식각이 진행되며 한때 양산 라인에서 사용되었다. 그러나 식각 시 가스의 압력이 높아, 미세화에 대응할 수 없게 되어, 1 μm 디자인 규칙에 대응할 수 없게 되었다. 또한 그림 7-4-2(b)에 도시한 바와 같이 고주파를 인가하는 쪽의 전극에 웨이퍼를 놓고 불활성 가스를 주입하여 이온의 스퍼터링 작용(8-7절 참조)으로 식각하는 방법도 생각했었다. 그러나 레지스트의 선택비를 잡지 못하고 재부착(그림 7-4-3 참조)이 일어나 미세화에는 오히려 불리하였다. 이온 발생실을 별도로 설치한 이온 밀링(milling) 장치도 생각했지만 동일한 문제가 발생하였다. 그래서 그림 7-4-2(c)에 도시한 바와 같이 고주파를 인가한 전극 측에 웨이퍼를 놓아두는(이를 캐소드(cathode ; 음극) 커플이라고 한다.) 방식으로 반응성 식각가스를 사용하는 반응성 이온식각(RIE : Reactive Ion Etching)을 고안하였다. 이것은 그림에서도 언급되었듯이 식각 대상 재료와 증기압이 낮은 화합물을 만드는 식각가스를 사용하기 때문에, 재부착도 일어나지 않고 이온의 작용 등으로 이방성 식각이 수행되어 지금도 이 방식 및 그 발전 형태(7-6절 참조)가 사용되고 있다.

재부착이란 그림 7-4-3에 도시한 바와 같이, 증기압이 낮은 식각 반응물 (스퍼터 식각은 불활성 가스를 사용하므로 식각 반응물 기화가 어렵다.)이 레지스트의 측면에 부착하는 현상이다. 반응성 이온 식각에서 식각의 압력이 낮으면 다소 발생할 수 있다.

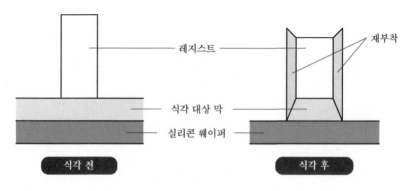

그림 7-4-3 재부착의 개요

7-5 클러스터 툴(cluster tool)화가 진행되는 건식식각장치

공정이 복잡해짐에 따라 생산성 개선 등이 요구되면서 클러스터 툴이 사용되고 있다. 이것은 막제조에서도 사용된다. 또한 멀티 챔버방식이라 부르기도 한다.

▒ 클러스터 툴이란?

2-3절에서 언급했지만 클러스터 툴이란 여러 공정 챔버를 갖는 장치이다. 클러스터 화가 진행되고 있는 것은 식각장치뿐만이 아니라 8장에서 설명할 막제조용 플라즈마 CVD 장치와 스퍼터링 장치도 진행되고 있으며, 이 절에서는 내표적으로 식각장치의 클러스터에 대해 설명할 것이다. 클러스터 툴의 등장은 다양한 요인이 있지만 다음의 두가지 큰 요인이 있다고 생각된다. 하나는 대구경화에 따른 생산성의 향상이 요구된 결과, 단일 장치당 처리량을 증가시킬 필요가 있기 때문이다. 또 하나는 LSI가 적층막 구조가 주류가 되었기 때문이다. 클러스터 툴의 구체적인 사례를 그림 7-5-1에 도시하였다. 이 예는 공정 챔버가 4개로 구성된 예이다. 장치의 전면에 배치된 웨이퍼 캐리어가 놓인 탑재·탈착부에서 대기압 로봇으로 웨이퍼를 진공탑재부로 보내지고 이를 통해 각각의 공정 챔버에 보내진다. 공정이 끝나면 반대 순서로 웨이

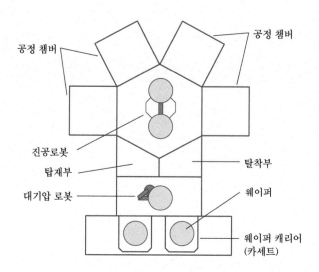

그림 7-5-1 클러스터 툴 장치의 예

퍼 캐리어에 돌아오도록 구성되어 있다. 정중앙의 진공 로봇을 센터핸들러(center handler)라 부르는 경우도 있다. 이와 같은 구성을 플랫폼이라 칭하고 각 메이커가 상표를 붙여 시장에 내놓고 있다.

▦ 다양한 클러스터 툴

1대의 장치로 웨이퍼의 처리수를 충족시키기 위하여 여러 챔버에서 모든 동일한 공정을 수행하여야 하며, 이때 웨이퍼 흐름을 그림 7-5-2의 오른쪽에 도시하였다.

한편, 적층막용 식각이나 막제조 공정용 장치라면 그림 7-5-2의 왼쪽에 도시한 흐름과 같을 것이다. 이때의 문제는 각 공정의 처리 시간을 맞출 필요가 있다는 것이다. 즉, 2-9절에서 설명한 것과 같이 1대 장치의 각 챔버에 대해 고려해야만 한다. 그러나 만약을 위해 언급하지만, 챔버 추가 및 분리는 자동차의 타이어를 갈아 끼우는 것처럼 쉽지 않을 것이다. 그 챔버에 필요한 전기시설의 준비부터 챔버의 동작확인, 공정의 시운전 등 상당한 시간이 걸릴 것이다.

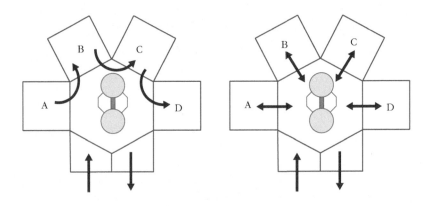

그림 7-5-2 클러스터 툴 장치에서 웨이퍼 운반의 예

7-6 향후 건식식각장치

평행평판식 식각장치 외에 고밀도 플라즈마를 형성할 수 있는 방식의 식각장치가 주류를 이루고 있다. 이 절에서는 대표적으로 몇 가지를 소개한다.

▒ 미세화 경향에 대응하는 식각장치

식각은 첨단 리소그래피 장치에서 형성한 레지스트 패턴에 대하여 완벽한 미세화 가공을 하여야 하므로, 미세화 추세에 따라 그 기술의 변화에 대한 역사를 7-4절에서 설명하였다. 앞으로 더욱 미세화가 진행되는 것과 동시에 300mm 웨이퍼에 대응해서 처리량이 높은 장치가 필요할 것이다. 즉, 매엽식에서 300mm 웨이퍼일지라도 처리량이 저하되지 않는 고밀도 플라즈마 식각장치가 있다. 평행평판식 식각장치의 플라즈마 전자밀도는 10^{10}cm^{-3} 정도이지만, 고밀도 플라즈마 식각장치는 2~3 자리 정도 높은 플라즈마 밀도를 가지고 있다. 여기에서는 식각속도를 가속화할 수 있어 처리량의 향상을 도모할 수 있으므로 고밀도 플라즈마를 이용한 식각장치를 설명한다. 또한, 지금까지 설명한 평행판형과 같은 구조를 용량 결합형 플라즈마(CCP : Capacitively Coupled Plasma)라고 한다.

역사적으로 좁은 전극간격(양극과 음극 간 전극의 간격이 매우 좁다.)에서 고밀도 플라즈마를 만들 수 있었지만, 7-4절에서도 언급한 바와 같이 가스압력도 높기 때문에 미세 가공에 대응할 수 없는 문제가 있었다. 그 후, 마그네트론에서 자기장의 힘을 빌려 고밀도 플라즈마를 발생시키는 장치를 거쳐 다음 설명할 장치가 나왔다고 할 수 있다. 자기장의 힘은 8-7절에서 설명할 스퍼터링 막제조에서도 사용할 수 있다.

■ ECR 플라즈마 식각장치

이 장치는 마이크로파(주파수 2.45GHz)와 자기장(875Gauss)의 공명 작용을 이용하기 때문에 ECR(Electron Cyclotron Resonance)이라고 한다. 마이크로파의 전기장과 자기장의 정자계 공진작용으로 전자가 사이크로트론 운동을 하여 식각용 가스 분자와의 충돌이 늘어나기 때문에 고밀도 플라즈마가 발생할 수 있다는 것이다. 그림 7-6-1에 그 개략도를 도시하였다. 이 장치는 그림과 같이 정자계를 발생시키는 코일을 대형화하기 위해 장치도 대형화되는 단점이 있다.

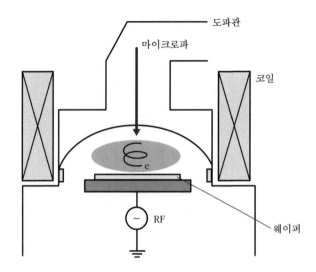

그림 7-6-1 ECR 방식 건식 식각장치의 개략도

■ ICP 방식 식각장치

ICP(Inductive Coupled Plasma; 유도 결합형 플라즈마) 방식에서는 RF 코일에 의한 유도 자기장에 의해 고밀도 플라즈마를 얻는다. 그림 7-6-2에 그 원리를 도시하였다. 역시 자기장의 효과를 이용하는 기술의 일환이다.

■ 헬리콘파 플라즈마 식각장치

헬리콘(Helicon)파는 일종의 탄성파이다. 그림 7-6-3에 그 원리를 도시하였다. 그림에서 알 수 있듯이, 이 방식은 ICP 방식에 직류 자계를 발생시켜 고밀도 플라즈마를 얻는다.

여기에 소개한 것 이외에도, 표면파 플라즈마를 이용한 것들도 있다. 또한 여기에서는 플라즈마의 밀도에 초점을 맞추어 설명했지만, 이온 에너지 제어의 관점에서도 이러한 장치는 장점이 있을 것이다. 관심이 있는 독자들은 전문 서적을 참고해 주십시오.

고밀도 플라즈마를 이용한 장치이므로, 영어 표기의 High Density Plasma의 머리글자를 따서, HDP 식각장치라고 부르는 경우도 있다.

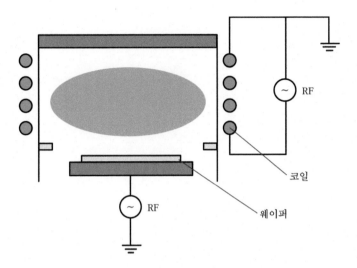

그림 7-6-2 ICP방식 건식식각장치의 개략도

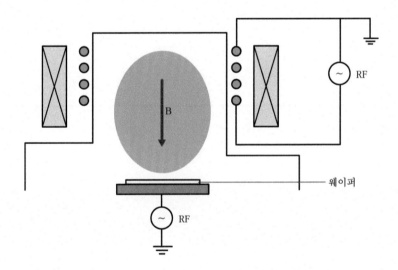

그림 7-6-3 헬리콘파 플라즈마 식각장치의 개략도

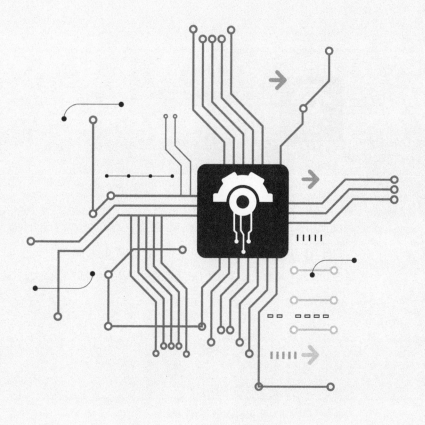

CHAPTER **8**

막제조 장치

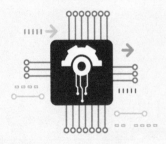

이 장에서는 실리콘 기판에 배선이나 절연막을 형성하는 막제조 장치에 대해 설명한다. 막제조법은 여러 가지가 있으므로 막제조 장치를 하나하나 설명할 것이다. 또한 최근 high-k 게이트 적층기술에 이용하는 ALD 장치나 변형 실리콘 기술에 사용하는 에피택셜 장치에 대하여 설명한다.

8-1 막제조 장치란?

LSI는 기본적으로 실리콘 웨이퍼 상에 불순물 영역, 배선(플러그 포함), 절연막을 제작해가는 과정으로 구성되어 있다. 그중 배선막과 절연막을 형성하는 역할을 하는 것이 막제조 장치이다.

▒ 반도체 공정에서 막제조란?

기본적으로 LSI에서 막은 반도체막(실리콘 웨이퍼의 확산층 포함)과 전기(신호)를 흐르게 하기 위한 배선막, 그들을 전기적으로 절연하는 절연막으로 구성되어 있다. 반도체막(실제로는 확산층)은 반도체 소자의 기본이 되는 스위칭 소자에 사용되는 가장 중요한 영역이다. 그 소자를 전기적으로 연결하는 것이 배선이며 소자는 2차원적인 수평방향으로 배치될 뿐만이 아니라 수직으로 연결하는 배선도 있다. 또한 이러한 배선과 소자를 전기적으로 절연하는 절연막이 있다. 따라서 원료 가스와 막제조 등에 따라 다양한 막제조 장치가 있다는 것이 특징이다.

▒ 막제조 장치의 구성 요소

그림 8-1-1에 막제조 장치의 구성 요소를 도시하였다. 막제조 공정을 수행할 막제조 챔버가 필요하겠으며 기타 요소는 어떠할까요? 상부측으로는 막제조 소스를 공급하는 시스템이 필요하다. 막제조의 소스가 되는 것은 기본적으로 가스이다. 액체나 고체 물질도 일단 가스 상태로 막제조 챔버에 공급된다. 따라서 가스 공급부가 필요하다. 또한 가스를 분해하여 막제조를 하기 위해서는 에너지 공급시스템이 필요하다. 이것은 플라즈마의 경우 고주파 전원, 열 CVD*의 경우 가열 시스템이 필요하다. 이들을 작동시키기 위해서는 막제조 챔버를 진공으로 만드는 진공 시스템과 상압의 경우는 팬 배기가 필요하다. 하부측으로는 가스 공해방지 시스템이 필요하다. 이들을 그림 7-2-1에 덧붙여서 정리한 것이 그림 8-1-1이다. 이 그림은 8-6 절에서 언급할 플

---

* CVD ; Chemical Vapor Deposition의 약자로 화학 기상증착으로 번역된다. "도해입문 알기쉬운 최신 반도체 공정의 기본과 구조 [제 3 판] "를 참조하십시오.

라즈마 CVD 장치를 모델로 하고 있지만, 식각장치와 거의 동일하다. 막을 형성하고 제거하기 위하여 고주파를 인가하는 위치가 다를 뿐이다.

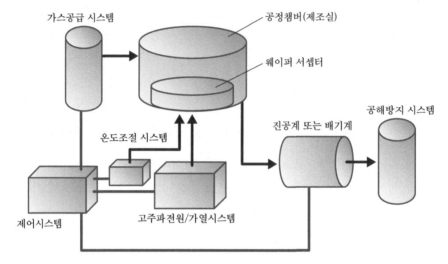

주) 기타 구동용 가스, 냉각수, 안전 감시시스템 등도 필요하지만 생략하였다.

그림 8-1-1 막제조 장치의 구성 : 장치의 예

▨ 막제조의 파라미터와 막제조법

위와 같이 다양한 막을 형성하기 때문에, 막제조법도 다양하다. 그것을 그림 8-1-2에 정리하였다. 음영으로 표시한 부분을 이 책에서 다루고 있다. 가스를 사용하는 기상 막제조법의 경우, 주요 파라미터는 온도, 압력, 플라즈마의 유무이다. 플라즈마에 대해서는 식각에서 중요하게 사용하기 때문에 이미 7-3절에서 설명하였으므로 참고하십시오. 막제조의 경우 플라즈마는 웨이퍼 온도를 저하시키는 역할을 한다. 그것에 대해서는 8-6절에서 설명할 것이다.

액상 막제조법의 경우, 파라미터는 각각의 항목에서 설명할 것이다. 액상의 막제조 방법도 마찬가지로 막제조 시 온도를 저하시키는 역할을 한다. 한편, Front-end와 Back-end에 대한 온도의 경계 기준(500°C 전후가 기준이다.)이 되는 500°C 이상의 온도에서 막을 제조하는 것은 감압 CVD과 에피택셜 성장법 등이다. 후자는 실리콘 단결정에 동일한 방향의 단결정 실리콘 막을 적층하기 위하여 사용된다. 현재 LSI 제

작 시 사용하는 경우는 적지만, 차세대 장치에서 사용이 검토되고 있기 때문에 8-11
절에서 설명할 것이다.

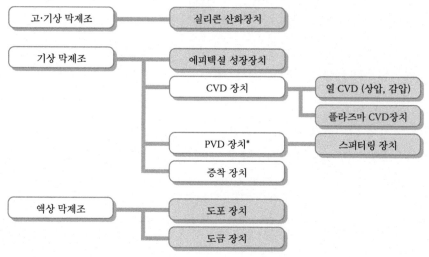

주) 약자에 대해선 전 페이지의 각주 참조

그림 8-1-2 막제조 장치의 분류

컬럼

막제조 장치와 파티클 관리

막제조 장치는 박막을 웨이퍼에 형성한다. 웨이
퍼에만 박막을 형성하면 좋겠지만, 본문에도 언
급되었듯이 실제로 장치 내에도 막이 형성된다.
그래서 정기적으로 챔버 등을 청소해야 한다. 챔
버 내벽에 붙은 막이 박리하면 파티클 형성의 원
인이 되기 때문이다. 챔버를 열어 인력으로 청소
하였기 때문에, 막제조 장치를 담당하고 있었을
무렵 3D 직장이라고 동료들이 놀리곤 했다. 어
느 날, 새로운 방식의 막제조 장치용 예산을 확

보하기 위한 신규 투자 회의에서 그 장치의 경이
로움을 발표했는데, 의장을 하고 있던 훌륭한 분
들이 "장치는 파티클을 발생하고 있지 않는가?
라고 질문을 한 적이 있다. 그때는 새로운 막제
조 기술의 필요성을 호소하고 있었을 뿐이므로,
파티클의 이야기는 예상치 못한 질문이었고 잘
대답 할 수 없었다. 그분은 생산 공장의 책임자
로 있어, 막제조 장치의 파티클 관리로 고생하신
것 같았다.

---

*   PVD ; Physical Vapor Deposition의 약자로 물리적 기상 증착이라고 한다. "도해입문 알기쉬운
    최신 반도체 공정의 기본과 구조 [제 3 판] "를 참조하십시오.

8-2 기본 중의 기본-열산화 장치

실리콘 반도체는 트랜지스터 형성 과정에서 실리콘 열산화막을 사용한다. 실리콘을 직접 산화시킨 실리콘 열산화막은 가장 안정된 산화막이다.

▒ 실리콘 산화공정과 장치

여기에서 설명하는 장치는 실리콘 웨이퍼를 직접 열산화하는 실리콘 반도체 제조공정 중에 가장 기본적인 제조 장치이다. 실리콘의 열산화는 고온 상태(900℃ 이상)에서 수소가스와 산소가스를 보내 연소시킴으로써 산화제(O^*)를 발생시켜 수행한다. 이 산화제가 실리콘을 직접 산화하는 것이다. 화학식은

$$Si + 2O^* \rightarrow SiO_2$$

이다. 이와 같은 산화장치를 열산화로, 또는 산화로라고 한다. 그림 8-2-1에 도시한 바와 같이 석영 용광로에 50장이나 100장정도 단위로 웨이퍼를 탑재한 보트(boat)를 넣도록 되어 있다. 가열은 석영 반응기 외부에서 실시한다. 이 방식은 가로로 긴 석영로를 이용하기 때문에, 수평로라 부르고 있다. 이전 웨이퍼 직경이 작았을 때는 이와 같은 수평로를 이용하였다.

산화방식은 이러한 상압 산화가 주류이지만, 산화로를 고압으로 하여 산화속도를 올리고, 두꺼운 산화막을 만드는 고압 산화로도 있다.

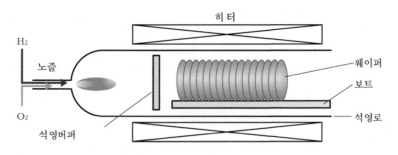

그림 8-2-1 수평형 실리콘 열산화로의 예

▓ 실리콘 산화장치의 구성요소

고압 산화를 제외하고, 상압에서는 진공 시스템이 필요 없을 것이다. 일반적으로 막제조 장치, 가스공급·배기 시스템, 웨이퍼 탑재·탈착부, 막제조 처리실, 가열 시스템, 제어부 등으로 구성되어 있다.

그림 8-2-1에 도시한 바와 같이 수평로의 시대에는 사람의 손으로 웨이퍼를 탑재·탈착하는 과정을 수행하였다. 웨이퍼 직경이 커지고 장치가 차지하는 공간이 증가하였기 때문에 200 mm 웨이퍼 시대부터는 그림 8-2-2에서와 같이 수직 열산화로가 주로 사용되고 있다. 이것은 5-2절에서 설명한 열처리 장치와 기본적으로 동일한 구성으로 되어 있다. 웨이퍼를 보트에 탑재하는 과정은 그림의 오른쪽에 도시한 바와 같이 수직로 아래에서 들어가는 형태이다. 단지 열처리 장치는 사용하는 가스가 다를 것이다. 웨이퍼 탑재·탈착은 모두 자동화되어 있다.

또한 높은 크기를 가진 장치이므로 클린룸의 천장높이가 수직로의 높이를 결정할 것이다.

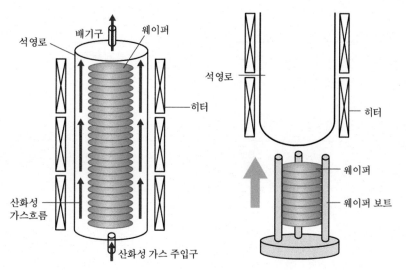

주) 그림에서는 편의상 좌우 웨이퍼의 수가 다르지만 실제 공정에서는 동일할 것이다.

그림 8-2-2 수직 열산화로의 개략도

8-3 오랜 역사를 가진 상압 CVD 장치

CVD 장치가 처음에 사용된 형태는 상압 CVD 장치이다. 이것은 진공 시스템이 불필요한 장치이며, 지금도 저온 산화막 형성 등에 이용되고 있다.

▒ 상압 CVD 공정이란?

AP-CVD라고도 하며 이것은 영어 Atmospheric Pressure CVD의 약자에서 비롯된 것이다. 업계에서는 "상압"이라고 일반적으로 말하고 있다. 일반적으로 실리콘 산화막을 제조하고 있다. 왜 열산화 공정으로 산화막을 만들지 않는가 하는 의문도 있으리라 생각하지만, 웨이퍼에 직접 산화하는 것은 막제조 온도가 높아지기 때문에 내열성이 없는 막이 웨이퍼 상에 형성될 수는 없을 것이다. 따라서 상압 또는 나중에 설명하는 플라즈마 CVD에서의 산화막 제조가 필요하게 된 것이다. 상세히 설명하면 다음과 같이

---

1. 요구되는 막의 질이 다르다. 예를 들어 열산화막과 같이 치밀한 막이 필요 없는 경우도 있다.
2. 막제조 온도 영역이 다른 3개의 영역에서 각각 막제조가 가능한 방법을 제공한다.
   ① 불순물 재분포*에 영향 ~900℃
   ② 불순물 재분포에 영향 없음 550 ~ 800℃
   ③ 배선 금속 재료에 영향 ~ 450℃

등의 요구조건을 충족시키기 위해서이다.

2의 ①~③에 해당하는 막제조 반응을 그림 8-3-1에 도시하였다. 또한 2의 ①, ②, ③에 해당 하는 막제조 장치는 그림 8-3-1의 괄호에 나타낸 바와 같은 방법을 생각할 수 있다. 대략적으로 ①이 열산화막, ②는 고온 산화막, ③이 저온 산화막으로 분류되어 있다.

---

* 불순물 재분포 ; 너무 고온으로 하여 4~5장에서 설명한 불순물 영역에서 불순물이 확산해 버리는 현상.

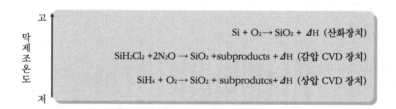

그림 8-3-1 산화막의 형성 예

▓ 상압 CVD 장치의 구성요소

상압에서는 플라즈마도 필요 없기 때문에 진공 시스템과 고주파 전원이 필요 없고, 그만큼 장치 비용도 줄일 수 있다. 다른 보통의 막제조 장치에서와 같이 가스공급·배기 시스템, 웨이퍼 탑재·탈착부, 막제조 처리실, 가열 시스템, 제어부 등으로 구성되어 있다.

▓ 실제 상압 CVD 장치의 예

그림 8-3-2에 수직형 상압 CVD 장치를 도시하였다. 여기서 말하는 배기계는 팹의 클린룸 내의 팬 배기를 의미한다. "수직"은 가스의 흐름이 웨이퍼에 대해 수직인 흐

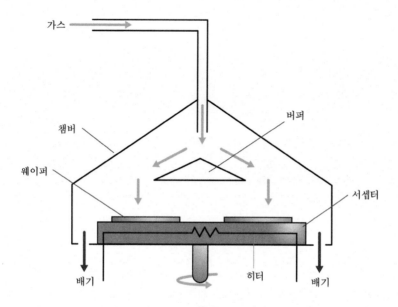

그림 8-3-2 배치식 수직형 상압 CVD 장치의 예

름을 말하는데, 최근에는 그다지 언급하지 않고 있다. 125mm 웨이퍼 (통칭 5 인치) 정도까지 이와 같은 형태가 사용되고 있었다. 또한 "수평"은 그와는 반대로, 가스의 흐름이 웨이퍼에 수평인 것을 말한다.

그림 8-3-3에 수평형 상압 CVD 장치를 도시하였다. 이는 매엽식이기 때문에 최근 주로 사용하는 상압 CVD 장치는 가스헤드 아래를 웨이퍼가 통과하는 동안 막이 형성되는 형태로 구성되어 있다.

단, 상압 CVD 장치는 유지·보수 등이 어렵다. 그 이유는 막이 웨이퍼뿐만 아니라 막제조챔버 내와 발열체(susceptor)에도 형성되기 때문이다. 상압 CVD 장치는 진공장치나 고주파 인가 시설이 없기 때문에 진공상태를 만들거나 플라즈마 클리닝(plasma cleaning)*을 시행할 수 없다. 따라서 사람이 직접 챔버 등의 유지관리를 하여야 한다. 저자는 직접적인 경험이 없지만, 옆에서 보고 있으면 대단한 작업이라고 생각했던 기억이 있다. 이를 해결하기 위하여 이전에 HF 증기클리닝 등을 수행하는 장치가 개발된 적도 있었다. 또한 배기측 배관에 반응 생성물이 퇴적할 수 있으므로 주의가

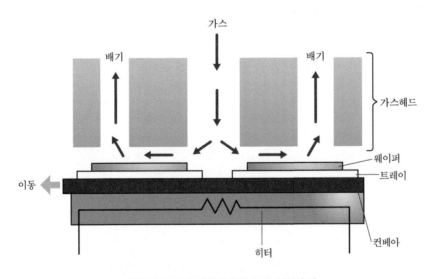

그림 8-3-3 인라인식 상압 CVD 장치의 예

---

* 플라즈마 클리닝 ; 플라즈마 CVD 막제조 챔버에 식각용 가스를 흘려 방전시켜 막제조 실내에 있는 막을 제거한다.

필요하다. 이것은 정도의 차이는 있지만 다른 CVD 장치도 마찬가지이다.

상압 CVD 장치는 오랜 역사를 가진 장치이지만, 웨이퍼의 대구경화에 따라 다양하게 개량되면서 현재에도 배선간 절연막의 형성 등에 필수적인 장치로 사용되고 있다. 그 이유는 배선 재료에 영향이 없는 온도에서 절연막을 형성할 수 있기 때문이다.

8-4 Front-end의 감압 CVD 장치

감압 CVD는 말 그대로 대기압이 아닌 감압 하에서 막을 제조하는 공정이다. 상압보다 고온에서 막을 제조하기 때문에 보다 조밀한 막의 형성이 가능하다.

▓ 감압 CVD 공정이란?

LP-CVD라 하며 이는 영어 Low Pressure CVD의 약자에서 비롯된 것이다. 업계에서는 LP 또는 감압과 같이 줄여서 부르고 있다. 일반적으로 절연막인 실리콘 질화막과 실리콘 산화막의 형성에 감압 CVD를 사용하고 있다. 다음 절의 금속 CVD도 감압 CVD의 일종인데, 이 경우는 막제조의 분류에서 금속 CVD라고 하는 것이 관례로 되어 있다. 상압, 감압 등도 열 CVD라고 하는 분류에 들어간다. 이것은 그림 8-1-2에 도시한 바와 같다. 열 CVD란 원료 가스의 분해 및 막제조 반응의 촉진을 열로 수행하는 것이다. 여기에는 가열 방법으로 그림 8-4-1에 도시한 바와 같이 두 가지 방법이 있다. 하나는 웨이퍼를 반응로(일반적으로 내열성을 반영하여 석영이 사용된다.) 외부에서 가열하는 형태로 핫웰(hot well) 방식이라 부른다. 8-2절에서 설명한 산화로도 이 유형이다. 그림에도 표시한 바와 같이 대량의 웨이퍼 처리가 가능하지만, 급격하게 온도를 올릴 수 없기 때문에 처리시간이 길어진다. 반응로에 막이 부착하는 것도 문제이다*. 또한 가스를 웨이퍼에 수직 방향으로 흐르게 하므로 가스는 상류측에서 소비되며 가스 흐름에 따라 온도 분포를 조정**해야 하지만, 대량 처리가 필요한 공정에 중요하게 쓰이고 있다.

---

* .... 문제이다 ; 이를 위하여 반응로의 세정이 필요하다. 5-2절 참조
** 온도분포 조정 ; 가스의 상류측에 대하여 하류측을 높이는 것이 일반적이다.

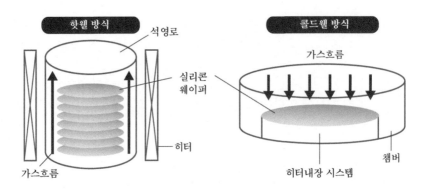

그림 8-4-1 열 CVD 장치의 웨이퍼 가열 개념도

한편, 콜드웰(cold well) 방식은 그림과 같이 매엽식 장치에 많이 사용되며 웨이퍼 스테이지를 가열하여 웨이퍼의 온도를 높이는 방식이다. 따라서 반응 챔버에의 막형성은 적어지지만 스테이지 재료의 내열성에 의하여 히터 온도에 제한이 있어, 핫웰 방식은 500℃ 이상의 고온 막제조에 사용되는 반면, 이는 500℃ 이하의 저온 막제조에 사용된다. 한 장씩 처리하므로 처리 시간이 짧아지나, 매수가 많으면 그만큼 시간이 걸릴 것이다. 이 방식은 주로 금속 CVD에 사용된다. 그림에 도시하고 있지 않지만, 모두 진공 시스템을 가지고 있다.

▒ 감압 CVD 장치의 구성 요소

보통의 막제조와 마찬가지로 감압되어야 하므로 진공 시스템이 필요하다. 막제조 시의 압력은 수십 Pa 정도이다. 다른 보통의 막제조 장치에서와 같이 가스공급·배기 시스템, 웨이퍼 탑재·탈착부, 막제조 처리실, 가열 시스템, 제어부 등으로 구성되어 있다. 그림과 같이 감압하기 위해 내부 튜브와 석영 반응기의 이중 구조로 되어 있으며, 내부 튜브 안쪽에서 가스를 주입하여 외부로 배출한다. 잘 알려진 공정으로써 실리콘 질화막의 형성에서는 원료 가스로서 디클로로실란(dichlorosilane ; H_2SiCl_2)과 암모니아를 사용하여 700~800℃ 정도의 온도에서 막을 형성한다.

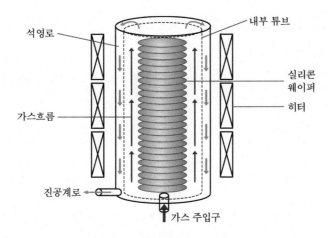

석영로

내부 튜브

실리콘
웨이퍼

히터

가스흐름

진공계로

가스 주입구

그림 8-4-2 감압 CVD 장치의 개략도

8-5 금속막 형성을 위한 감압 CVD 장치

CVD로 형성하는 금속막은 일반적으로 W(텅스텐)이다. 이것은 트랜지스터의 소스·드레인과 첫번째 배선층을 잇는 전도성 연결막이다.

▦ 금속막 공정이란?

최초로 금속막이 양산 공정에 도입된 것은 텅스텐 실리사이드(tungsten-silicide)막을 게이트 전극에 사용한 것이다. 이것은 트랜지스터의 미세화에 부응하여 게이트 전극도 미세화 하여야하기 때문에 기존의 폴리실리콘 게이트 전극의 저항이 커진다는 과제를 해결하기 위해 폴리사이드 게이트라는 텅스텐 실리사이드와 폴리 실리콘(폴리 실리콘을 게이트 절연막 측에 사용)의 이층 구조를 채택하면서 부터이다. 실리사이드란 금속과 실리콘의 화합물로, 텅스텐 실리사이드의 화학식은 WSi_2이다. 80년대 중반부터 도입이 검토되었다. 다음이 W 플러그(plug)이다. 이것도 트랜지스터의 미세화에 부응하기 위하여 컨택 홀*이 미세화 하여야 하기 때문에 기존의 알루미늄 배

---

* 컨택 홀(contact hole) ; 실리콘 웨이퍼의 확산층과 배선층을 전기적으로 연결하는 구멍. 로직 LSI칩에서는 설명한 W 플러그가 사용된다.

선으로는 대응할 수 없게 되어 CVD을 이용한 전면적(Blanket) W* 막제조가 도입되었다. 그 전의 선택적 W 막제조 공정은 컨택 홀 내에서만 W 막을 형성하는 공정으로써 90년대 전후에 검토하였지만 공정의 안정성이 문제가 되어, 실제로는 전면적 W막을 CMP공정을 이용하여 컨택 홀에만 남기는 공정을 사용한다. 그림 8-5-1에 도시하였다. 여기에는 CMP 기술의 발전도 기여하고 있다고 생각한다. 여기에서는 전면적 W막 제조장치에 대해 설명한다.

▒ 전면적 W 막제조 장치

일반적으로 앞에서 설명한 콜드웰의 감압 CVD 장치를 이용한다. 물론, 진공으로 배기할 수 있는 기능을 지니고 있다. 배치식도 있었지만 현재는 매엽식이 주로 사용된다. 막제조 온도는 400~500°C, 압력은 1Pa 정도가 최대이다. 재료가스는 WF$_6$를 금속 원료가스로 사용하며 SiH$_4$로 환원하는 단계에서 H$_2$로 환원하는 단계의 2단계법으로 이루어진다. 금속막 제조장치라고 해도, 지금까지 언급한 다른 콜드웰 감압 CVD 장치와 똑같이 구성되어 있으므로 여기에서는 금속막 제조장치의 특징에 대하여 설명할 것이다. 금속막 제조시 CVD 장치에서 특별히 신경쓸 것은 금속막이 웨이퍼 뒷면에 둘러싸지 않도록 하는 것이다. 이것은 뒷면에 불규칙하게 붙은 금속막이 벗겨져 파티클의 원인이 될 수 있으며 금속막이 붙은 웨이퍼의 뒷면이 다른 공정 장치의 웨이퍼 처리 단계에서 교차 오염**을 초래하는 등 우려가 있기 때문이다. 그림 8-5-2에 도시한 바와 같이 웨이퍼 주위를 링으로 덮거나 또는 뒷면에서 불활성 가스를 주입시키는 등, 뒷면에 형성되는 금속막을 제거하는 연구를 하고 있다.

---

* 전면적(Blanket) W ; W막을 웨이퍼 전체에 담요를 까는 것과 같이 막을 형성하는 공정. 선택적 W막과 구별하여 불렸으며 현재는 단순히 W막으로 불리는 경우가 많다.

** 교차 오염 ; 직접 접촉 오염이 아니라 웨이퍼 스테이지나 캐리어를 통해 오염된다는 것.

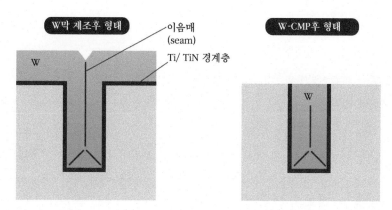

주) W는 구멍의 양측으로부터 성장되므로 사이에 이음매라 불리는 실밥같은 것이 있다.

그림 8-5-1 W 플러그 방식

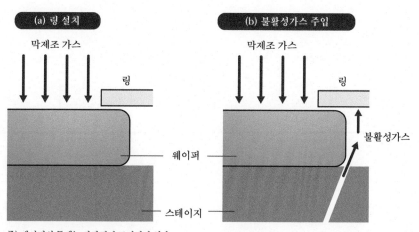

주) 웨이퍼의 두께는 과장되어 도시되어 있다.

그림 8-5-2 금속 CVD에서 뒷면에 금속부착 방지의 예

　　또한 전면적 W막은 W의 소스·드레인으로의 확산을 방지하기 위해 미리 차단층 (일반적으로 Ti/TiN이 사용된다.)이 형성되어 있다. 이 차단층은 W와 확산층이나 층 간 절연막과의 밀착성을 향상시키는 역할도 하기 때문에, 글루층(부착특성 향상층, 글루 (glue)는 아교를 의미)이라고 부른 적도 있었다. 이와 같이 연속적으로 막을 형성하기 위해 금속 CVD 장치는 클러스터 툴로 되어 있다. 단, Ti/TiN은 CVD로 막형성이 어렵기 때문에 일반적으로 스퍼터링 막제조 챔버에서 실시하고 있다. 이처럼

클러스터화는 막제조법에 의존하지 않고 결합할 수 있다는 것이 특징으로써, 그림 8-5-3에 그 예를 도시하였다. 여기에서 스퍼터링 식각챔버는 Ti를 증착하기 전에 확산층에 생긴 얇은 자연 산화막을 제거하여 접촉 저항을 낮추기 위한 것이다. 실제 플러그 공정에서 사용되는 경우가 많은 공정이다. 이 경우 식각하는 것이기 때문에, 고주파는 웨이퍼가 놓인 전극 측에 인가한다. 따라서 역 스퍼터링이라 부르기도 한다. 또한 차단층 Ti/TiN의 CVD 막제조 장치도 최근 시장에 출시되어 있기 때문에, 공정의 선택폭이 넓어졌다. 이 절에서는 전면적 W막의 예를 설명하였지만, 게이트 전극인 WSi의 막제조에도 사용된다는 것을 첨언한다.

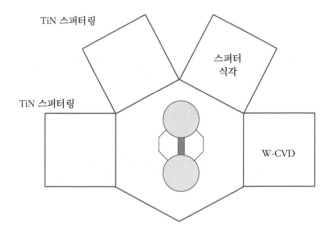

그림 8-5-3 클러스터화 금속 CVD 장치의 예

8-6 저온화를 진행한 플라즈마 CVD 장치

백엔드(Back-End) 공정에서는 저온에서의 막제조가 요구된다. 따라서 플라즈마 CVD 장치가 도입되었다.

▨ 플라즈마 공정이란?

플라즈마 발생기능은 7-3절에서 설명하였으므로, 해당 절도 참조하십시오. 플라즈마 CVD의 장점은 플라즈마에 의해 원료 가스를 분해하기 때문에, 막제조 온도의 저온화를 도모할 수 있다는 것이다. 플라즈마 CVD 장치의 개략도를 그림 8-6-1에 도시하였다. 처음에는 알루미늄 선 위에 보호막(passivation) 형성을 위하여 도입되었다. 500°C 전후의 융점을 가진 Al의 배선 형성 후이기 때문에, 저온 공정이 필요하였다. 상압 CVD에서도 400°C 전후에서의 막제조가 가능하지만, 보호막은 수소를 함유할 필요가 있어, 플라스마 CVD가 요구되었다. 플라스마 CVD를 이용하여 보호막인 SiN을 형성하기 위해서는 원료 가스로 SiH_4(모노 실란)와 NH_3(암모니아)를 사용하기 때문에 수소가 막에 함유되는 것이다.

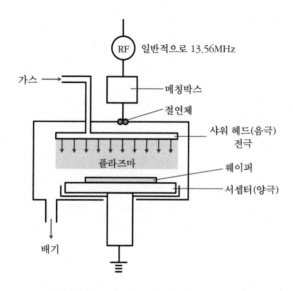

그림 8-6-1 플라즈마 CVD 장치-평행평판식의 예

플라즈마 전하에 의해 소자에 영향을 미치는 것을 우려했지만, 1980년대에는 양산 현장에 도입되었다. 그 후 다양한 막제조 법이 개발되어 현재는 다양하게 사용되고 있다. 8-9절의 low-k 막도 플라즈마 CVD를 이용하여 증착하는 경우도 있다. 고주파의 결합은 애노드(양극)측에서 수행하는 양극 커플방식이다. 이것이 식각장치와는 크게 다른 점이다. 플라즈마 발생 방법은 그림과 같은 평행평판의 용량결합형뿐만 아니라 고밀도 플라즈마를 발생하는 ICP (Inductive Coupled Plasma)방전을 이용하는 것도 있다. 이것을 그림 8-6-2에 도시하였다. 기본적으로 그림 7-6-2의 ICP 식각장치와 동일한 원리이며 RF코일에 의한 유도 자기장에 의해 고밀도 플라즈마를 얻는 것이다. 단, 사용 가스는 막제조용 가스이다. 평행평판식보다 고밀도 플라즈마를 얻을 수 있으므로, 막제조 속도를 향상시킬 수 있다는 장점이 있으며 그림에도 나타냈지만, RF바이어스에 의해 식각기능을 갖고 있기 때문에, 식각하면서 막제조가 가능하여 고밀도 배선용 갭필(gapfill)* 등에 적합하다.

▒ 플라즈마 CVD 장치의 구성 요소

기본적으로 7-2절에서 설명한 바와 같은 식각장치와 동일하며,

---

① 공정 챔버
② 진공 시스템 (배관, 각종 밸브, 펌프, 압력 조절기능 등)
③ 가스 주입 시스템 (배관, 각종 밸브, 가스봄베 상자 등)
④ 고주파 전원
⑥ 제어 시스템

등으로 구성된다. 이 밖에 웨이퍼 운반 장치와 웨이퍼 스테이지의 온도 조절장치, 폐가스 처리장치 등이 실제 장치에 필요하다. 그림 7-2-1에는 폐가스 처리장치가 공해방지 시스템으로 표시되어 있다. 중요한 것은 공정 챔버를 진공으로 하고, 원하는 가스를 공급하여 식각과는 반대로 막제조 반응을 수행하는 장치라는 것이다.

---

* 갭필(gapfill) ; 배선 사이의 틈새에 공극(viod)없이 중간 절연막을 삽입하는 기술

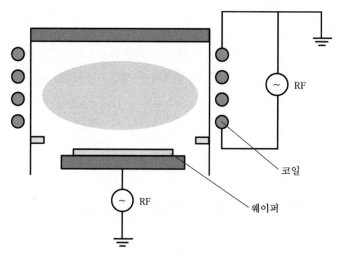

주) RF 코일에 의한 유도 자기장에 의해 고밀도 플라즈마를 발생시키는
것으로 웨이퍼를 올려놓은 전극에서 발생하는 RF 바이어스에 의해
식각 기능을 갖고 있다.

그림 8-6-2 ICP 방식 CVD장치의 예

저자의 "꿈 같은 이야기"

8-1절의 연장선 상에 있는 이야기지만, 웨이퍼에만 선택적으로 막을 제조할 수 있는 장치를 개발할 수 있지 않을까하는 헛된 꿈을 생각해 본 적이 있다. 촌스러운 이야기지만 막제조 장치는 챔버 내와 배기에도 막이나 가루가 묻어있기 때문에 유지보수가 힘들다는 것은 8-1절에서 설명하였다. 이것이 웨이퍼에만 막제조를 할 수 있다면 좋겠다는 생각을 계속한 배경이었다. 1990년대에 걸쳐 선택적 텅스텐 공정(컨택 홀과 비어(via)홀만 텅스텐을 증착하는 공정)의 실

용화를 반도체 업체도 생각했던 시기이기도 하여, 컨택 홀 내에만 선택적으로 텅스텐을 형성할 수 있다면, 웨이퍼 상에만 증착도 가능하지 않을까 생각했었다. 실제로 일상의 문제에 쫓겨 어느새 머리에서 사라지고 말았지만 저자만이 아니라 많은 분들이 그렇게 생각했을 것이다. 그 생각의 연장선이 8-5절에서 설명한 웨이퍼 뒷면의 막형성 방지기술 등에 연결되어 있는 것이라고 생각한다.

8-7 금속막에 필요한 스퍼터링 장치

LSI의 Back-end 공정에서는 다양한 배선이 사용되고, 그 역할에 따라 사용하는 재료도 다르다. 일반적으로 금속은 CVD 등으로 막제조가 어렵기 때문에, 스퍼터링 방법이 사용된다.

▒ 스퍼터링 법의 개요

이것도 기본적으로 7-3절에서 설명한 바와 같이 저온 플라즈마를 이용하는 기술이다. 스퍼터링은 그림 8-7-1에 도시한 바와 같이 Ar(아르곤) 플라즈마를 발생시켜, 아르곤 이온을 타겟(target)이라는 금속 잉곳(ingot : 덩어리)에 부딪쳐 금속 원자를 튕겨 나오게 하여 웨이퍼 상에 막을 제조하는 공정이다. 식각의 관점에서 보면, 타겟을 아르곤 이온으로 식각하고 있는 것과 같은 형태이다. 플라즈마를 발생시키기 위해서는 물론 진공상태가 필요하다. Ar 플라즈마의 진공도는 플라즈마 CVD (~10Pa)보다 2자리 정도 높은 진공도가 요구되고 있으므로 그만큼 고기능 진공 시스템이 필요하며 장치는 고가이다. 이와 같이 높은 진공 플라즈마를 이용하여 다양한 재료로 막을

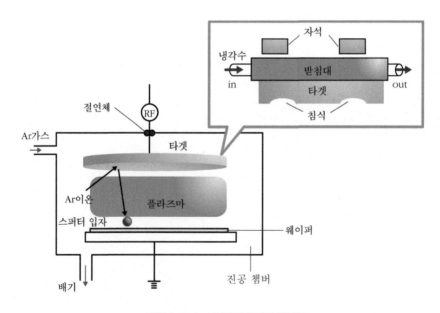

그림 8-7-1 스퍼터링 장치의 개략도

제조할 수 있다.

▦ 타겟이란?

그림 중에도 개략적으로 나타냈지만 타겟은 알루미늄의 경우, 순도가 높은 금속 알루미늄의 잉곳을 뒷받침대(backing plate)라는 동판에 융착시킨 것으로, 냉각수로 냉각할 수 있도록 되어 있다. 이것은 이온의 충격 등으로 타겟의 온도가 상승하는 것을 억제하기 위해서다. 또한 타겟 뒤에는 자석이 설치되어 있어, 자기장의 효과로 고밀도 플라즈마가 형성되도록 되어 있다. 자석 근처에서 타겟의 침식(그림에 표시)이 크기 때문에 초기 타겟의 표면 형상 등을 연구하고 있다. 예를 들어, 자석 근처의 타겟을 두껍게 하는 등 여러 가지를 고안하고 있다. 이전에는 스퍼터링 법을 이용하지 않는 증착이라는 기술도 있었다. 이것은 금속 재료를 보트라는 내열성 용기에 넣고, 히터에서 직접 가열하거나 전자선으로 가열하여 증발시켜 웨이퍼 상에 증착하는 방법이다. 하지만 융점이 높은 금속의 증착이 어렵고 증착원이 점원(point source)이 되어야하기 때문에, 웨이퍼가 3인치와 4인치 시절에는 배치식 장치가 이용되었지만 웨이퍼가 대구경화 되면서 웨이퍼 내의 균일성이 저하되어 사용하지 않고 있다. 스퍼터링 장치는 다층막에 대응하기 위해 클러스터화가 진행되고 있으며 현재 매엽식 장치이다.

▦ 스퍼터링 법의 장단점

스퍼터 입자는 임의의 방향성을 가지고 웨이퍼에 날아오므로, 스퍼터링 법에서는 범위(coverage)*가 문제이다. 스퍼터링 범위의 향상을 목표로 다양한 방법을 고안하였으며, 이에는 콜리메터(collimeter) 법이나 롱스로우(long-throw)법 등이 있다. 전자는 정렬격자 (콜리메터)를 타겟과 웨이퍼 사이에 두는 방법이며, 후자는 타겟과 웨이퍼의 간격을 띄우는 방법이다. 각각을 그림 8-7-2에 도시하였다. 전자는 콜리메터에도 막이 형성되어, 유지보수가 힘들어지기 때문에 현재는 후자가 주로 사용된다. 이와 같이 스퍼터링도 여러 가지 개선을 시행하여, Cu/low-k 구조의 확산방지금속

---

* 범위(coverage) ; 기초 형상에 대한 피복성을 말함. 커버리지가 좋은 것이 LSI 공정에 필요하다. 단계 범위(step coverage)라든지 단차피복성 등이라고 한다.

(barrier metal)과 Cu 시드층의 형성 등에 스퍼터링 법을 이용하고 있다.

또한 확산방지금속으로는 티타늄 질화물(TiN), 질산화합물(TiON) 등이 사용된다. 이것은 Ar 가스 외에 질소와 산소를 주입하고 타겟에서 나온 Ti 원자와 질소, 산소와 반응시켜 형성하는 것으로, 반응성 스퍼터링 법이라고 부르고 있다. 이것이 스퍼터링 법으로 잘 알려진 방법이다. Ti 원자들의 입계에 산소 원자와 질소 원자가 들어가서 확산방지막 형성이 향상되는 것으로 알려져 있다. 반대로 말하면, 반응성 스퍼터링 덕분에 확산방지금속이 실용화되었다고 말할 수 있다.

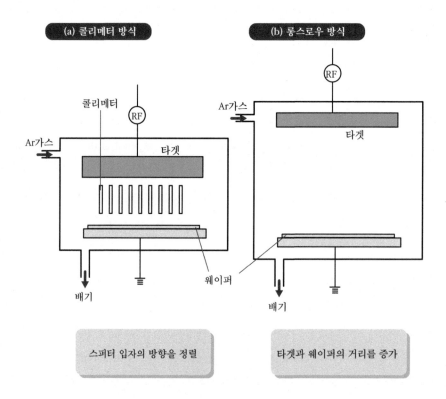

주) 그림에는 표시하지 않았지만 RF전원과 챔버는 절연되어 있다.

그림 8-7-2 미세화에 대응한 스퍼터링 장치의 개략도

8-8 다마신(damascene) 구조 및 도금 장치

첨단 LSI 로직 칩의 Cu 배선에는 다마신 구조가 사용되고 있으며 막제조는 도금공정을 사용하고 있다.

▒ 도금공정이란?

반도체 전공정에서 도금은 Cu 도금에만 사용된다. 후공정에도 도금이 사용되고 있지만 그것은 다른 전자소자에서도 사용되는 전극 등의 금도금이며, 주목할만한 것은 아니므로 여기에서는 전공정의 도금장치를 설명할 것이다. Cu 도금이 이용되는 것을 다마신공정*이라 불리우며 Cu 플러그와 배선을 Cu 식각없이 형성하는 공정이다. 도금은 전해 도금과 무전해 도금이 있다. 무전해 도금은 막제조 속도가 느려 다마신공정 같은 비아(via) 및 배선부의 Cu 도금에 적합하지 않다. 따라서 막제조 속도가 큰 전해 도금이 사용된다. 도금의 원리는 과학실험의 Cu 도금과 동일하며, 황산구리($CuSO_4$) 도금액을 사용한다. 실제 반도체 공정에서 사용하는 도금액은 황산구리를 주성분으로 하여 다양한 첨가제를 더한 것이다. 또한 웨이퍼 표면에 Cu가 도금되기 쉽도록 Cu 박막이 미리 형성되어 있다. 이를 Cu 시드(seed : 종)층이라 하며, 수십 nm 정도의 막을 스퍼터링 장치를 이용하여 형성한다.

▒ 도금 장치의 구성 요소

실제 도금 장치를 그림 8-8-1에 도시하였다. 이것은 웨이퍼 표면을 아래로 향하게 하여 컵이라는 기구에 장착하고, 도금액이 컵 하단에서 위로 분사되는 형태로써 분류식이라고 불리는 장치의 예이다. 실제로는 대량의 웨이퍼를 처리하기 위해 여러 개의 컵이 사용된다. 도금 속도는 액체의 농도, 도금 전류, 도금액 온도 등으로 결정되며 막의 두께는 도금 시간으로 제어한다.

---

* 다마신공정 ; Cu 플러그 및 배선이 필요한 부분을 미리 층간 절연막 내에 리소그래피 및 식각하여 형태를 제작한 후, 그 속에 Cu를 도금하고 CMP에서 불필요한 Cu를 제거하여 Cu 플러그와 배선을 동시에 형성하는 과정.

Cu 도금 후, 웨이퍼를 신속하게 세정·건조시킬 필요가 있으므로 세정·건조 장치가 내장되어 있다. 기본적으로 건조입력·건조출력이므로 반드시 건조장치가 붙어 있다. 또한 도금액의 공급 및 폐액 회수 기능이 필요하다. 당연히 웨이퍼 탑재·탈착 기능도 필요하므로 실제 도금 장치는 시스템화 되어 있으며 그림 8-8-2와 같이 구성된다.

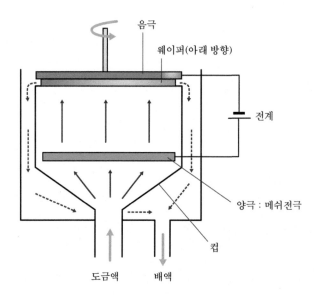

그림 8-8-1 분류식 도금장치의 예

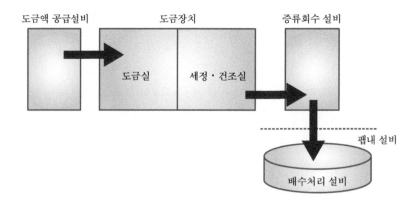

그림 8-8-2 도금장치 시스템의 개요

8-9 low-k(저유전율)막 형성에 필요한 도포장치

막 재료를 유기 용제에 녹여 그것을 도포하여 막을 제조하는 기술도 필요하다. 이 것이 도포공정으로써 절연막 제조에 주로 이용된다.

▦ 도포공정의 필요성

반도체 전공정에서 도포공정, 즉 스핀코팅 공정을 사용하고 있다. 예를 들어, 리소그래피 레지스트의 도포 등이 이에 해당한다. 이것도 어떤 의미에서 막제조의 일종이다. 따라서 반도체 용 박막을 도포공정으로 제조할 생각은 자연스러운 것이라고 할수 있다. 장치 구성이 간단하기 때문에, 공정비용이 감소한다는 장점이 있다. 그러나다른 한편으로는 열산화 및 열 CVD 등으로 형성한 막에 비해 막의 안정성은 다소 떨어진다. 또한 도포공정은 액상 공정이므로 원료를 용매에 용해해야 할 필요가 있다. 현재 실용화되고 있는 것은 절연막 제조공정이 대부분이며, 특히 산화막이 주류이다. 이를 SOD[*](Spin On Dielectrics)라고 한다. 또한 최근 low-k막이나 더 낮은 유전율의 ULK 막[**]의 도포에도 이용되고 있다. 레지스트와 마찬가지로 웨이퍼 상에 균일한 두께로 도포하기 위해 웨이퍼를 한 장씩 처리하는 매엽식 장치가 사용된다. 진공척등을 이용하여 웨이퍼를 위쪽으로 고정하여 일정한 양의 재료를 투하한 후 고속 회전시켜 웨이퍼에 균일한 두께를 형성하는 스핀 코터(회전 도포장치)가 사용된다. 그림 8-9-1에 개략도를 도시하였다. 레지스트 공정과 마찬가지로 웨이퍼 가장자리 및 후면세정기능이 첨가되어 있다. 이후, 용매를 완전히 제거하고 막을 안정화하기 위해 300~400°C 정도에서 열처리를 실시한다.

▦ 도포공정의 과제

나중에 설명할 스캔 도포장치도 있지만, 현재의 주류는 스핀 코팅장치이다. SOD의 경우, 층간 절연막으로 소자에 남아있기 때문에 두께 관리를 엄격하게 시행한다.

---

[*] SOD ; SOD 또는 SOG(Spin On Glass)라고도 한다.
[**] ULK막 ; Ultra low-k막의 약자로 유전율이 2.5 이하인 경우이다.

컵 분위기(온도, 가스 분압)의 제어 등도 중요하다. 레지스트 공정과 마찬가지로, 재료의 사용 효율에 문제가 있기 때문에 여러 노즐을 갖는 도포 헤드를 웨이퍼에 스캔하면서 도포액을 투하·도포하는 스캔도포장치도 생각할 수 있다. 그림 8-9-2에 그 개략도를 도시하였다. 단, 이 방법의 경우는 가장자리와 후면의 세정을 포함할 수 없다.

▒ 도포장치의 구성 요소

장치에 대해서는 6장에서 설명한 레지스트 도포장치와 같은 원리를 이용한 장치이므로 유사한 구성 요소를 사용하고, 웨이퍼의 탑재·탈착부 외에 스핀 코팅부와 열처리부가 주요 구성 요소이다. 도포액은 탱크에서 수납되고 있으며, 노즐부로 이송된다. 레지스트 공정과 마찬가지로 두께는 도포액의 점도와 스핀의 회전수로 조정할 수

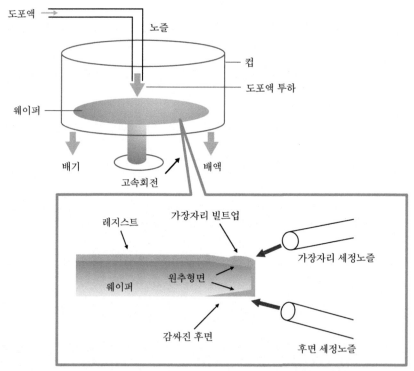

주) 웨이퍼의 가장자리면은 그림과 같이 비스듬하게 되어 있다. 이를 원추형면(베벨면)이라 하고 제대로 마무리되지 않은 상태이다.

그림 8-9-1 스핀코터 개략도

있다. 6-5절을 다시 읽어 보기 바랍니다. 6장의 장치와 큰 차이는 리소그래피 장치처럼 다른 장치와 인라인화 할 수 없으며 도포액의 온도는 레지스트와 달리 전술한 바와 같이 300~400°C 정도에서 열처리를 실시하는 것이다.

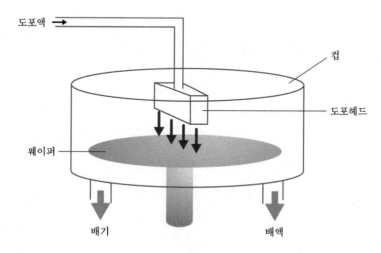

그림 8-9-2 스캔코터의 개략도

컬럼

숙성 창고

"도해 입문 알기 쉬운 반도체 공정의 기본과 구조 [제 3 판]에서도 간단히 설명하였지만, 특히 도포공정으로 형성한 저유전율막의 유전율 감소와 기계적 강도 향상에 전자선 및 UV 어닐링이 사용될 수 있다. 어닐링 공정은 반드시 열처리용으로 사용될뿐만 아니라, 반도체 공정에서 흥미 있는 분야이다. 5-4절에서 설명하였지만, 박막

실리콘의 결정화에 전자선 어닐링을 이용하려고 생각하던 시절도 있었다. 또한 4-5절의 플라즈마 도핑법은 이전부터 생각했던 방법이라고 설명하였다. 이렇게 자고 있던 공정이 되살아 나는 경우도 있다. 그 때 "숙성 창고"란 의미로 사용될 수도 있지 않을까. 이는 흥미로운 사실이라고 개인적으로 생각한다.

8-10 high-k 게이트 적층에 ALD 장치의 응용

박막을 원자층마다 제어하여 막을 제조하려는 시도가 있으며 이에 사용하는 것이 ALD 장치이다. high-k막 증착에 적합하다.

▒ ALD 공정과 high-k 게이트 적층

ALD는 Atomic Layer Deposition의 약자로 말 그대로 원자층 수준으로 제어하면서 막을 제조하는 공정이다. 막제조 공정과 배기를 번갈아가면서 수행하기 때문에 처리량이 크게 떨어진다. 따라서 high-k 막과 같은 얇은 막에만 적용된다. 먼저 high-k 막이 무엇인지 설명해 보면, 미세화에 의해 게이트 산화막의 박막화가 한계에 도달하고 있으며, 게이트 산화막의 누설 전류의 증대를 초래하고 있다. 따라서 게이트 절연막에 요구되는 것은, 막 두께를 두껍게 하여 누설 전류를 감소시키는 반면, 실효 게이트 용량은 유지할 수 있는 고유전율 막이 필요하게 되었다. 이것이 high-k 막으로써 high-k란 low-k와 반대로 고유전율이란 의미이다. 일반적으로 실리콘 산화막의 유전율은 4 정도이지만, high-k 막은 10 이상이 기준이 된다. 그러나 실리콘 단결정의 계면 안정은 실리콘 산화막(SiO_2)이 우수하기 때문에 얇은 산화막과의 적층 구조를 사용한다. 예를 들어, HfSiO(N)/SiO_2나 HfAlO(N)/SiO_2 등의 실용화가 진행되고 있다. 이와 같은 막제조에는 감압 열 CVD법 등을 이용할 수 있다. 이에는 한 층마다 조성을 제어하여 막을 제조하는 ALD(Atomic Layer Deposition)법을 이용한 막제조가 검토되고 있다. 그 과정을 그림 8-10-1에 도시하였다.

▒ ALD 장치의 구성 요소

기본적으로는 일반 기상 막제조 장치와 기본 구성은 동일하지만, 차이점은 가스 공급에 관한 것이다. 단 한 번의 원료 가스의 공급량에 차이가 발생하면 ALD 공정이 잘못 진행되기 때문이다. 열유체 해석에 의하여 가스 공급 노즐의 구조를 최적화하려는 예도 있다. 아직 양산 라인에서 많은 사용실적이 있는 것은 아니기 때문에, 여기에서는 이상 간단히 설명할 것이다.

이 방법은 high-k 막의 제조를 위해 개발된 것이 아니라 1970년대에 개발된 기술이다. 전 절의 컬럼에 설명한 것과 같이 숙성 기술일지도 모른다. 그러나 상기 언급한 바와 같이, 종래의 막제조 법에 비해 처리량이 적기 때문에 향후 반도체 분야보다는 다양한 응용 분야에 사용 등이 제안되고 있는 것으로 생각된다.

한편으로는 반도체 양산에 대응하기 위한 반 배치식(semi batch)의 ALD 장치를 시장에 출시한 예도 있다. 6장×300mm 웨이퍼에 대응하고 있다.

또한 1-6절의 말미에서 언급했지만, MRAM[*]이나 FeRAM[**]등의 차세대 메모리에 사용되는 재료의 막제조용 양산 장치도 출시되고 있다. 이러한 새로운 재료의 막제조 장치의 확대가 기대되고 있다. 다음 8-11절도 그중 하나라고 생각된다.

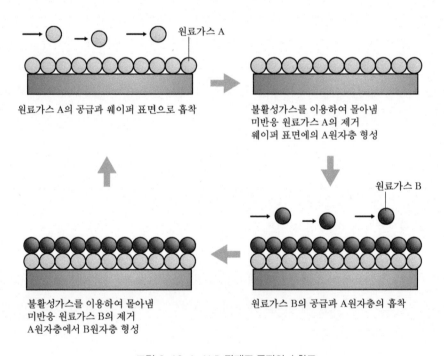

원료가스 A의 공급과 웨이퍼 표면으로 흡착

불활성가스를 이용하여 몰아냄
미반응 원료가스 A의 제거
웨이퍼 표면에의 A원자층 형성

원료가스 B

원료가스 B의 공급과 A원자층의 흡착

불활성가스를 이용하여 몰아냄
미반응 원료가스 B의 제거
A원자층에서 B원자층 형성

그림 8-10-1 ALD 막제조 공정의 순환도

---

[*] MRAM ; 강자성체 층을 사용한 비휘발성 메모리의 일종.
[**] FeRAM ; 강유전체 층에 전하를 유지하는 비휘발성 메모리의 일종.

8-11 특수한 용도의 Si-Ge 에피택셜 성장장치

부스터[*] 기술로 변형 실리콘이 주목 받고 있다. 그 공정을 가능하게 한 것이 에피택셜 성장 장치이다.

▒ 에피택셜 공정이란?

에피택셜은 그리스어 에피(~위라는 의미)와 택시(갖추어져 있다는 의미)를 합성하여 만든 용어로써, 실리콘 웨이퍼와 동일한 결정방향의 실리콘 층을 실리콘 웨이퍼 상에 성장시키는 것을 말한다. 줄여서 에피라고도 한다. 성장장치도 줄여서 에피장치라고 할 수 있다. 이전에는 주로 바이폴라 소자에 사용되고 있었다. 바이폴라 트랜지스터에서 n층에 비해 농도가 높은 n^+층과 p층 보다 농도가 높은 p^+층을 형성하여 컬렉터 저항을 낮출 때에 사용하였다. MOS 소자에서도 래치 업(latch up)[**]에 대응하기 위한 에피택셜이 필요하다는 제안도 있었지만, 현재 에피택셜 성장은 사용되고 있지 않다.

▒ 에피택셜 성장 장치의 요소

기본적으로는 일반 기상 막제조 장치와 기본 구성은 동일하지만, 가장 큰 차이점은 가열 온도가 1000℃ 이상까지 가능한 가열 시스템을 갖추었다는 것이다. 소구경 웨이퍼 시절에는 주로 배치식으로 턴테이블에 여러 장의 웨이퍼를 넣는 로터리 디스크형과 수직으로 웨이퍼를 배치하는 유형의 실린더형이 주로 사용되었다. 로터리 디스크형은 벨쟈(bell jar)형이라고도 한다. 그림 8-11-1에 도시한 바와 같이 성장장치의 형상이 종모양이기 때문에 이 용어가 사용된 것이다. 이 장치는 그림과 같이 유도 코일에서 웨이퍼를 가열한다. 그 후, 200mm, 300 mm 웨이퍼로 직경이 증가하면서, 그

---

[*] 부스터 ; 미세화 기술에 의하지 않고 차세대 장치를 제작할 수 있는 신규 재료·구조를 말한다. 변형 실리콘도 그 예.

[**] 래치 업 ; CMOS 구조에 기인하는 기생 바이폴라 트랜지스터에 의한 오동작. 기생이란 설계상 의도한 것은 아니라는 의미

에 대응하기 위하여 매엽식 장치도 출시되었다. 그 장치에 가열 램프방식을 도입한 장치도 출시되었다. 그림 8-11-2에 그 예를 도시하였다.

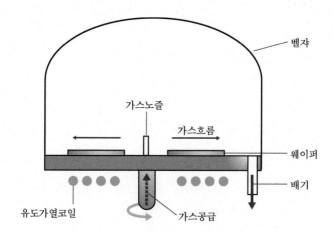

그림 8-11-1 배치식 에피택시 성장장치의 개요

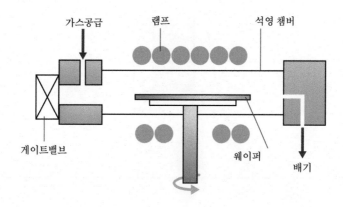

그림 8-11-2 매엽식 에피택시 성장장치의 개요

▥ 변형 실리콘과 SiGe 에피택셜 성장

최근 SiGe 에피택셜 성장이 주목받고 있다. 이것은 실리콘 웨이퍼에 SiGe라는 다른 재료를 성장시키기 때문에 이종(hetero) 에피택셜 성장이라고 한다. 이에 대하여 전술한 바와 같이 실리콘 웨이퍼에 실리콘을 에피택셜 성장시키는 것을 동종(homo) 에피택셜 성장이라 한다.

이것은 실리콘 결정에 고의로 응력을 가하여 변형을 일으키게 하여 캐리어*의 이동도를 향상시키는 기술이다. 그 변형 유도층으로서 SiGe가 주목받고 있다. 이것은 SiGe의 원자 간격이 실리콘보다 넓기 때문에 실리콘에 인장 및 압축 응력을 일으켜 변형 실리콘을 만들 수 있는 것이다. 그림 8-11-3에 그 예를 도시하였다. p형 트랜지스터의 오목한 소스/드레인에 SiGe층을 성장시키고, 채널부에 압축 응력을 유발하여 p 채널의 이동도를 향상시키는 예이다. n형에서는 반대로 인장 응력으로 이동성이 향상된다. 이 SiGe층 이종 에피택셜 성장 장치로는 8-4절에서 설명한 수직 감압 CVD 장치를 응용하려는 시도가 있다.

또한 이를 SiGe층이 아니라 스트레스가 큰 막을 실리콘에 형성하여 변형층을 만든다는 제안도 있다. 구체적으로 설명하면 스트레스가 큰 실리콘 질화막(Si_3N_4)을 채널에 형성하여 변형을 발생시키는 방식이다. 이 방법은 첨단 CMOS에 응용되기 시작하고 있다. 향후의 동향에 주목하기 바란다.

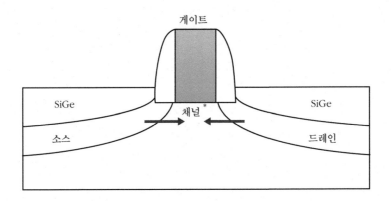

주) 채널은 영어로 "channel" 을 의미하며 실리콘반도체 관련서적에서 주로
사용된다.(4-4절 참조)

그림 8-11-3 변형 실리콘 트랜지스터의 예

---

* 캐리어 ; 실리콘 결정 안에서 전하를 운반하는 전자와 정공을 말한다.

** 채널 ; 트랜지스터의 소스와 드레인 사이의 영역. 여기에 게이트 전압으로 반전층을 형성하여
온(on)시킨다.

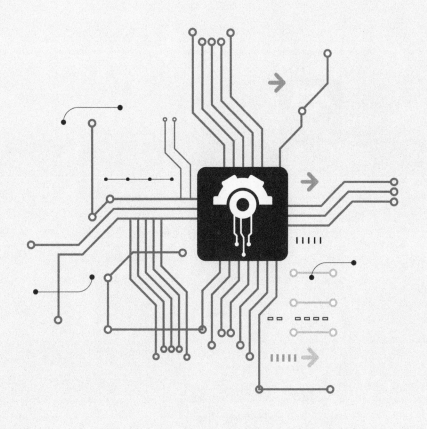

CHAPTER **9**

CMP 장치

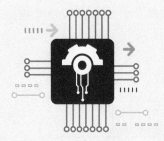

이 장에서는 LSI의 다층화가 진행됨에 따라 필수가 된 CMP(Chemical Mechanical Planari-zation) 장치에 대한 주변 기술과 소모 부재료, 종점 검출법 등을 포함하여 설명한다. 또한 현재 CMP 장치를 이해하기 위해 과거 장치 등도 설명할 것이다.

9-1 CMP 장치의 특징

다층 배선공정을 사용하는 첨단 로직 LSI에서 평탄화 공정인 CMP는 필수적이다. 여기에서는 CMP 장치가 어떤 장치인지 설명한다.

▨ CMP 공정 및 장치

CMP 장치는 반도체 공정에서는 비교적 새롭게 도입된 장치이다. 이 배경에는 미세화가 진행되어, 종래의 평탄화 기술로는 요구되는 평탄도를 달성할 수 없어 1990년대에 바로 CMP 장치의 도입이 진행되었다. 일본의 반도체 업체에서도 DRAM에서 시스템 LSI나 고속 로직 IC로 중심축을 옮기고 있던 시절에 CMP 도입이 절실하였다고 생각한다. CMP 장치는 반도체 웨이퍼 표면을 거울 면처럼 가공하기 위하여 사용되었던 연마기(polisher)나 11장 11-3절에서 설명할 백그라인더(back grinder ; 웨이퍼의 뒷면을 연삭하는 장치)와 비슷하다. 모두 기계적 가공 장치이며, 구동부가 많은 이른바 진공공정은 아니다. 특히 연마기에서 사용되는 연마제를 사용하는 것과 다량의 물을 사용하는 것이 공통적이다.

일반적인 CMP 장치를 그림 9-1-1에 도시하였다. 이와 같은 방식의 CMP 장치를 로타리(rotary)식이라고도 말하며 이 방식에서의 CMP를 한마디로 말하면 웨이퍼 뒷면을 압반(platen)이라는 공구에 흡착시켜 웨이퍼 표면을 연마 패드(단순히 패드라고도 한다.)에 꽉 압착시키고, 연마 패드 위에는 용액과 연마 입자를 용매에 현탁시킨 현탁액(슬러리; slurry)을 흘려 연마 입자와 연마 압력에 의한 물리적 작용과 용액의 화학적 작용으로 웨이퍼 표면을 연마하는 것이다. 연마 패드에 현탁액으로 인한 막힘을 방지하기 위하여, 드레서(dresser; 컨디셔너라고도 함)를 이용하여 막힘을 방지한다. 80년대에는 클린룸에 건식공정(식각 등)이 점점 도입되어왔지만, CMP는 현탁액이라는 용액을 사용하기 때문에 건식공정에서 습식공정으로의 회귀라고 하였다. 또한 클린룸에서 현탁액 입자를 함유한 용액을 도입함에 있어서는 매우 저항이 있었지만, CMP를 이용하여 다층 배선을 완전히 평탄화하는 것이 급선무였다. 6장에서 언급한 리소그래피 장치에서 광원의 단파장화에 의해 초점심도*가 저하되면서 이를 위하여 CMP에 의한 완전 평탄화가 필수가 되었다.

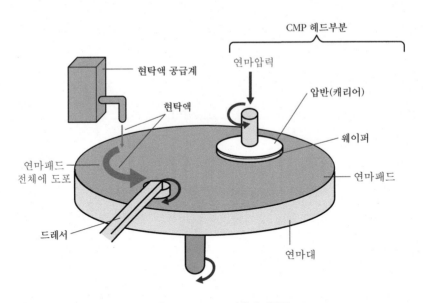

그림 9-1-1 CMP 장치의 개략도

▨ CMP 장비의 개요

대략적으로 웨이퍼 탑재·탈착부, CMP 헤드부와 연마 스테이지, 드레서부, 현탁액 공급부, 후세정부 등으로 구성된다. 후세정부는 현탁액을 제거하는 것이며, 이에 대해서는 9-3절에서 설명할 것이다. 여기에서는 연마 헤드부에 대해 설명한다. 나머지는 각각 다른 절에서 설명할 것이다.

그림 9-1-2에 헤드부의 단면을 도시하였다. 연마패드 자체는 경도는 다양하지만 강체가 아니기 때문에 탄력이 있다. 그에 대응하기 위하여 웨이퍼 뒷면과 압반 사이에 에어백과 부드러운 필름이 삽입되어 있는 상태에서 웨이퍼가 연마패드에 접촉할 수 있게 되어 있다. 또한 웨이퍼 주위에는 리테이너 링(retainer ring)이 있어 연마 패드가 웨이퍼에 균일하게 맞춰지도록 되어 있다. 리테이너 링에 대해서는 9-4절을 참조하십시오. CMP는 물체끼리 힘껏 가압하여 연마하고 있다고 생각되나 실제로는 상기 설명과 같이 되어 있다. 그 이유는 웨이퍼 뒷면에서 강한 힘을 가하면 후면 기준이 되어 웨이퍼의 두께 편차*가 생겨 표면에 균일한 연마 압력이 가해지지 않기 때문이다.

---

* 초점심도 ; 노광 장치에 의한 상의 전사 깊이로 이해. 깊을수록 공정에 유리.
* 웨이퍼 두께편차 ; TTV (Total Thickness Variation)라고도 함. 웨이퍼의 사양은 세밀하게 정해

한편, 공기압 등으로 연마 압력을 가하면 표면에 균일한 압력이 걸린다.

따라서 CMP는 표면 기준연마라고 한다. 이것을 투사(tracing) 연마라고도 한다. 이에 대하여 폴리셔(polisher)나 11장에서 다루는 그라인더는 후면 기준연마이다. 다음 절의 그림 9-2-3를 참고하십시오.

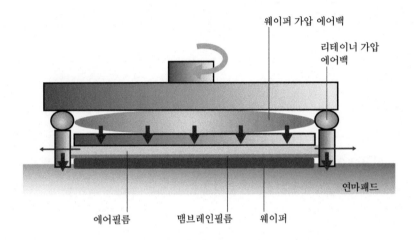

출처 : 도쿄정밀 홈페이지를 참조하여 작성

그림 9-1-2 CMP헤드부의 개요

컬럼

미국의 역습

저자가 공정개발 작업을 시작했던 70년대 후반부터 80년대 초반은 공정의 건식화가 진행되고 있었던 시대이므로, 저자도 식각 등을 위하여 건식식각 장치로 교체 작업을 했었다. 그 때문일까, CMP 장치 및 도금 장치가 클린룸에 들어오는 것은 당시 상상도 할 수 없었다. 폴리셔는 웨이퍼 제조 시의 거울광택에 사용하였으며, 도금이라고하면 반도체는 후공정의 리드프레임이나 프린트기판을 만들 때 사용하는 것이라고 인식했기 때문이다. 그러나 CMP 장치나 도금 장치도 미국에서 먼저 출시되었다. 당시는 DRAM 경쟁에서 일본에 패해 첨단 로직 LSI로 목표를 선회한 후의 일로, Cu 배선이 필요할 때 물불 가리지 않고, CMP 및 도금 장치를 꺼내오는 바람에 위협을 느꼈었다.

져 있다. 흥미있는 독자는 웨이퍼 제조업체의 홈페이지를 참조하십시오.

9-2 다양한 CMP 장치의 등장

CMP 장치는 90년대 초반부터 반도체 제조업체에 도입되기 시작하였다. 그 당시 앞으로의 시대는 CMP 장비가 많이 필요하다고 생각했기 때문에 한때 20개 이상의 제조장치 회사가 CMP 장치에 참여하고 있었다.

▦ 벨트 방식의 CMP 장치

상기와 같이 CMP 장치에 대하여 이전에는 20개 회사 이상이 참여하고 있었던 시기도 있었다. 폴리셔 메이커가 참가하였고, 원래 반도체 제조 장치를 만들던 업체도 참여하였으며, 반도체 회사 내의 기계 공작부서도 참여하는 등의 사례가 있었다.

그러나 지금은 2, 3개의 회사로 과점화되어 있다. 이 절에서는 CMP 장치를 이해하기 위해서 현행 로타리 방식의 CMP 장치와는 그 개념이 다른 장치를 두 가지 소개한다. 우선 벨트 방식에 대하여 설명하면, 일본에도 몇 대 도입되었으며 그림 9-2-1에 개략적으로 도시한 바와 같이 벨트형태의 연마패드를 이용한다. 벨트를 고속으로 회전시키면 연마 압력이 높지 않아도 균일하고 빠른 CMP가 가능할 수 있다는 아이디

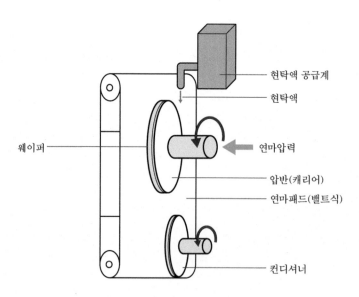

그림 9-2-1 벨트 방식의 CMP 장치의 개요

어는 흥미로웠으나, 생각처럼 균일성이 나오지 않았다고 한다. 따라서 전술한 바와 같이 대수는 많이 출시되지 않았다.

▓ 인덱스 방식의 CMP 장치

다음은 인덱스 방식의 CMP 장치이다. 그림 9-2-2에 그 개요를 도시하였다. 이것은 기계 연마의 특성을 강화한 CMP 장치로써 웨이퍼 바닥을 기준면으로 하여 평탄화 가공을 수행하는 것이다. 이것은 휠로 표시한 반고정 휠을 고속 회전시켜 웨이퍼 표면을 연마하는 것으로써, 연마 압력은 휠의 Z축 아래로 가한다. 그림이 복잡하게 되므로 기입하지 않았지만, 물론 현탁액도 사용한다. 그림에는 표시하지 않았지만 휠은 다공성 모양으로 되어 있으며, 현탁액은 구멍을 통하여 출입하고 있다.

이 방식은 투사연마가 아니기 때문에, 웨이퍼 내에서의 균일성 확보가 어렵다는 문제가 있다. 전 절에도 기술하였지만, 투사연마는 웨이퍼의 표면을 기준으로 투사하도록 연마하는 방식을 말하며, 그림 9-2-3에 예를 도시하였다. 그림은 알기 쉽게 극단적으로 도시하고 있지만, 웨이퍼의 표면을 자세히 보면 요철이 있으며 웨이퍼의 두께 변화도 있다. 그 면에 "투사하여" 연마하기 때문에 이런 명칭을 사용하는 것이다. 9-1절에서 연마 헤드에서 웨이퍼의 움직임을 유연하게 하도록 에어백과 필름을 넣고 있는 것은 이 때문이다. 이렇게 하면 배선을 위한 층간 절연막 연마 후, 두께가 불균일하

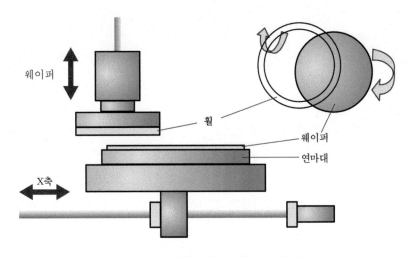

그림 9-2-2 인덱스 방식 CMP 장치의 개요

게 되지 않는다. 한편, 인덱스 방식에서는 후면 기준으로 평탄하게 하기 때문에, 배선
을 위한 층간 절연막 연마 후, 두께가 불균일하게 되어 버린다.

결국 지금 남아있는 CMP 장치가 투사연마 방식이기 때문에 이 방법이 반도체 공
정에 부합하는 것이라고 생각한다. 이상 두가지 이전 CMP 장비를 소개하였다. 이 절
에서 말해두고 싶었던 것은 다양한 CMP 장치가 제안되어 현장 평가를 거쳐 현재의
장치로 자리 잡았다는 것이다. 이런 실적의 축적이 있어서 지금의 반도체 공정이 가
능한 것으로 생각한다. 물론, CMP 장치에 국한된 것은 아니며 다른 공정의 반도체 제
조장치도 다양한 과거의 경험을 거쳐 지금의 형태로 발전하였다고 생각해도 좋을 것
이다.

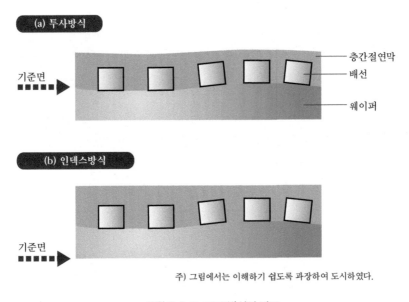

주) 그림에서는 이해하기 쉽도록 과장하여 도시하였다.

그림 9-2-3 CMP방식의 비교

9-3 CMP 장치와 후세정 기능

CMP는 슬러리라고 하는 파티클을 포함한 현탁액으로 웨이퍼를 처리하는 공정이
다. 이 슬러리가 웨이퍼 상에 남는 것을 피하기 위하여 공정 후 세정이 필요하다.

▒ CMP 후 세정

슬러리를 제거하기 위해서는 내장*(built-in)된 세정 모듈이 필요하며, CMP 장치와 일체화되어 있다. 예를 그림 9-3-1에 도시하였다. 슬러리를 웨이퍼 표면에 잔류한 채 건조시키면, 슬러리 파티클이 웨이퍼 표면에 고착되어 나중에 제거할 수 없게 되는 현상이 발생하기 때문이다. 이것이 반도체 소자의 큰 걸림돌인 파티클을 포함하고 있는 슬러리를 사용하는 CMP 장치가 클린룸에 도입되는 데에 저항이 되었던 배경이다. 그러므로 CMP 장치 밖으로 웨이퍼를 꺼내지 않고 슬러리를 제거하는 것이 타당할 것이다. 역시 세정·건조 장치와 마찬가지로 건조입력·건조출력에 대한 개념을 도입하고 있다.

실험적으로 CMP 장치를 도입하기 시작했던 1990년대 전반기에는 세정 모듈이 내장되어 있지 않아, CMP 공정이 끝난 웨이퍼를 증류수에 넣어 건조하지 않도록 하면서 세정장치에 옮겨 세정한 적도 있다. 내장 세정을 주로 사용하게 된 것은 CMP 장치 제조사의 과점화가 진행되면서 이용자에게 토탈 솔루션 프로그램의 제공이 필요하

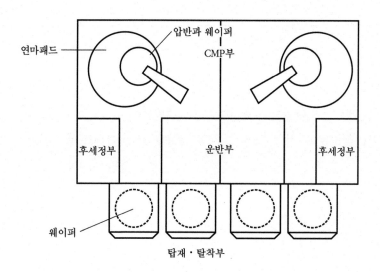

그림 9-3-1 CMP 장치와 후세정부의 개략도

---

* 내장(built-in) ; 여기에서는 CMP 장치와 일체화되었다는 의미. CMP 장치에 포함되어 있다. CMP 장치 제조업체는 토탈 솔루션(total solution)이 요구되고 있다. 6-7절도 참조.

다고 생각할 때부터였다.

내장된 경우, 장치 전체의 필요 면적을 작게 할 필요가 있기 때문에, 다양한 연구가 진행되었다. 그림 9-3-1에 개략도를 도시하였다. 어디까지나 하나의 예이며, 여러 개의 헤드를 가진 CMP 부에 후세정부가 하나뿐인 경우도 있는 등, 장치 제조업체의 의견이 반영되어 있다.

CMP 공정과 후세정 공정이 상이하면 각각의 처리 시간도 다르기 때문에 낭비 없는 조합이 필요할 것이다.

▧ 후세정 모듈의 구성요소

후세정에는 브러쉬 세정 및 스핀 세정의 조합 등이 있다. 초음파를 이용하고 있는 것도 있어, 세정 장치는 멀티 포트로 되어 있다. 스핀 세정부에서는 건조도 시행하고 있다. 단, 브러시로 슬러리를 제거한 경우라도, 또 다시 부착할 수 있으므로 주의가 필요하다. 브러쉬 세정의 브러쉬는 롤형이나 펜형 등이 있으며, 그 재질은 PFA와 PVA 스폰지 등이다. 여기서, PFA는 퍼플루오로(Perfluoro) 수지, PVA는 폴리비닐 알코올 수지이다. 후세정 모듈의 예를 도식적으로 그림 9-3-2에 나타내었다. 이 경우는 3 포트의 예이다. CMP 장치 제조업체에서 2 포트 및 3 포트의 시스템을 준비하면 이용자가 후세정 방법의 조합을 선택하는 것이다.

세정 화학식으로써 브러시 세정의 경우는 NH_4OH+H_2O, 금속 오염의 제거에는 $NH_4OH+H_2O/HF+H_2O$ 등을 사용하는 것이 일반적이다. 초음파 세정에서는 PMD[*], ILD[**], 폴리실리콘 플러그[***]의 경우 $NH_4OH+ H_2O_2+H_2O$, W 플러그의 경우는 $NH_4OH + H_2O$가 일반적으로 사용된다. Cu의 경우 환원수(전해 음극물)+유기산과 계면 활성제를 이용하려고 고안하고 있다. 이들은 어디까지나 일반적인 예이며 다양한 화학식이 있을 수 있다.

---

[*] PMD ; Pre-Metal Dielectrics의 약자로 W 플러그의 층간 절연막.

[**] ILD ; Inter-Layer Dielectrics의 약자로 Al과 Cu 배선의 층간 절연막.

[***] 폴리실리콘 플러그 ; 문자 그대로 W 대신 폴리실리콘을 플러그에 사용하는 것. 플러그란 트랜지스터의 소스/드레인 배선층을 잇는 도전 재료를 말한다. DRAM을 포함한 로직 LSI 등에서는 금속 오염을 방지하지 위하여 사용하는 경우가 있다.

롤형은 롤을 분당 수백 번 회전시켜 그림과 같이 웨이퍼의 앞면과 뒷면을 세정한다. 이것은 슬러리 등이 웨이퍼의 뒷면에 남아있기 때문이다. 펜형 역시 분당 수백 번 회전하여 웨이퍼의 표면을 세정한다.

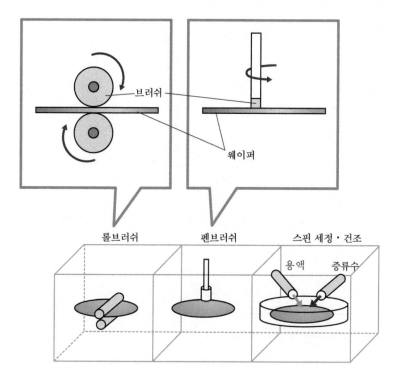

그림 9-3-2 후세정부의 브러쉬 개략도

9-4 CMP 연마 헤드란?

9-1절이나 9-2절에서도 언급하였지만, 투사연마는 연마 헤드가 중요한 역할을 한다. 이 절에서는 리테이너 링(retainer ring), 후면필름(backing film), 컨디셔너(conditioner) 등에 대하여 설명한다.

▒ 리테이너 링이란?

다시 한번 그림 9-1-2를 보면서 계속 읽어 주길 바란다. 리테이너 링은 단순히 리테이너라고 부르는 경우도 있으며, 웨이퍼의 바깥 가장자리에 존재하는 링이다. 지금부터 연마의 균일성 제어에 대하여 설명할 것이다. 그림 9-4-1에 리테이너가 없는 경우를 나타내고 있으며 웨이퍼가 연마 압력에 의해 연마 패드에 눌려지면 웨이퍼 가장자리에서 더 CMP가 진행되어 이른바 "rolled edge"가 발생한다. 이를 그림 9-4-2에 도시한 바와 같이 리테이너 링에 의하여 연마패드의 표면이 웨이퍼에 대하여 일정하게 되도록 한다. 그림 9-1-2에 나타낸 경우는 리테이너 링에 독립적으로 압력을 가하는 경우이다. 물론, 리테이너 링도 연마되어 버리기 때문에 일정 기간이 지나면 교체해야 한다. 재질은 폴리이미드(polyimide)를 기반으로 하는 수지 등이 사용된다.

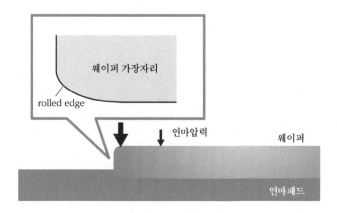

그림 9-4-1 리테이너 링이 없는 경우

▦ 후면필름이란?

이것은 9-1절에서 설명하였듯이 웨이퍼 뒤에서 강한 힘을 가하면 후면 기준이 되어 웨이퍼의 두께 차이를 발생시키면서 표면에 균일한 연마 압력이 걸리지 않는다. 한편, 공기압 등으로 연마 압력을 걸면 표면에 균일한 압력이 걸리고, 표면기준 연마가 된다, 이를 위해 탄성있는 후면필름을 사용한다. 재질은 발포 폴리우레탄 필름 등이다. 그림 9-1-2의 예에서는 에어 필름을 사용하고 있다. 이것도 CMP 장치 제조사의 특징이 나타나는 부분이다.

▦ 드레서란?

직접 연마 헤드와는 관계없지만, 이것도 CMP에서 중요한 역할을 하기 때문에 간단히 설명할 것이다. 연마 패드에 슬러리 및 CMP 가공 쓰레기가 막히는 것을 방지하기 위해 드레서(dresser)에서 동시에 연마 패드를 복원(refresh)한다. 이것은 연마 패드의 표면을 항상 일정한 조건으로 유지하여 CMP 공정의 재현성을 확보하기 위한 것이다. 그런 의미에서 컨디셔너라고도 한다. 드레서에는 다이아몬드 입자가 묻어 있어 패드 표면을 갈아낸다. 이 드레서도 소모품이다.

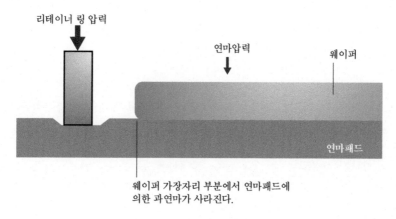

리테이너 링 압력

연마압력

웨이퍼

연마패드

웨이퍼 가장자리 부분에서 연마패드에 의한 과연마가 사라진다.

그림 9-4-2 리테이너 링이 있는 경우

9-5 CMP 장치와 슬러리 그리고 연마 패드

CMP 장치에 필수적인 것이 슬러리와 연마 패드이다. 이들은 공정 결과에도 나타나고 있다. 이 절에서는 슬러리의 공급 방법 및 연마 패드의 종류 등에 대하여 설명한다.

▒ 슬러리를 장치에 공급

역사적으로는 CMP 공정이 IBM에서 시작했기 때문에, 처음에는 슬러리와 연마 패드는 미국의 부재료 제조사가 과점 생산하고 있었지만, 현재는 일본의 제조사가 많이 발전한 상황이다. 슬러리는 연마 입자를 용액을 포함한 용매에 현탁시킨 것이다. 연마 입자는 실리카(silica, SiO_2) 또는 세리아(ceria, CeO_2), 알루미나(alumina, Al_2O_3) 등 다양하다. 용액도 CMP 대상 재료에 따라 다양하게 사용되며, 예를 들어 산화막 슬러리라면 실리카에 KOH 등을 주재료로 한 용액 등이 사용되고 있다. 슬러리는 CMP

대상 재료마다 전문 부재료 제조사가 상품화하고 있다.

　CMP 공정에 사용하는 슬러리는 1장당 수백 cc 정도라고 한다. 따라서 첨단 로직 LSI의 전공정 팹에는 CMP 장치가 수십 대 가동되고 있기 때문에, 대량의 슬러리를 사용하는 것을 쉽게 상상할 수 있을 것이다. 슬러리는 현탁액이므로 응집하는 경우도 있어 그것을 방지하는 수명연장의 대책이 필요하다. 그래서 슬러리를 사용자의 주문에 따라 혼합*하여 신선한 상태로 공급할 수 있는 토탈 시스템이 인기를 끌고 있다. 또한 그러한 슬러리 공급시스템을 취급하는 업체도 있다. 전술한 바와 같이 슬러리는 응집을 방지하기 위해 분산제 등을 첨가하고 있다. 그림 9-5-1에 슬러리 공급의 예를 도시하였다.

　또한 슬러리를 포함한 폐액의 처리도 문제가 된다. 그 폐액에서 슬러리를 재생하려는 시도도 있다는 것을 첨언한다. 슬러리의 문제는 다량 사용하기 때문에 발생하는 비용이라고 알려져 있다.

▒ 연마 패드

　연마 패드는 일반적으로 경질 패드와 연질 패드가 있다. 모두 함께 사용하는 경우도 있다. 재료는 발포 폴리우레탄 등이 사용된다. CMP 대상 재료에 맞춰 패드를 선택할 수 있다. 연마 패드의 경우에는 CMP 공정 중에 마모되기 때문에 최대 과제는 내구성이다. 일반적으로 수백 장 정도 CMP를 수행하고 교환해야 한다. 또한 교환의 번거로움과 교환 후 조건 조정시간이 필요한 것이 팹 운영상 문제이다. 연마 패드는 슬러리의 유지와 웨이퍼에 흡착 방지를 위해 홈이 새겨져 있다. 일반적으로 그림 9-5-2과 같이 격자 모양과 동심원 모양이 이용되고 있지만, 반도체 제조업체에 따라 그 홈의 형상을 비밀로 하는 곳도 있으며, 빈 패드를 도입하여 홈 가공을 자사에서 실시하거나 홈 가공을 하청 업체에 외주로 맡기는 경우도 있다. 반도체 제조업체가 이런 종류의 외주업체를 이용하는 일도 생각할 수 있으며, 연마 패드와 슬러리 드레서와의 상생도 문제이다.

---

* 사용자의 주문에 따라 혼합 ; 여기에서는 팹에서 생산 계획에 맞추어 슬러리를 반도체 팹 내부에서 필요량을 혼합한다는 의미.

CMP는 기계 가공적인 부분도 있기 때문에 다른 공정에 비해 소모품의 사용 비율이 많아지고 있다. 비용의 절반은 소모품이라 할 수 있다. 그 중에서도 슬러리와 연마 패드가 차지하는 비율이 높다는 것을 알아두기 바란다.

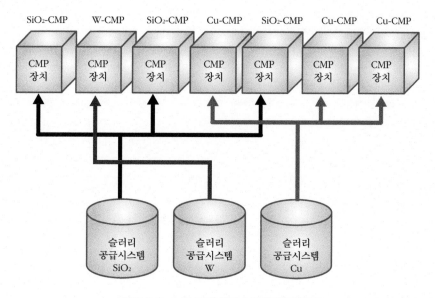

그림 9-5-1 CMP 장치의 슬러리 공급 개략도

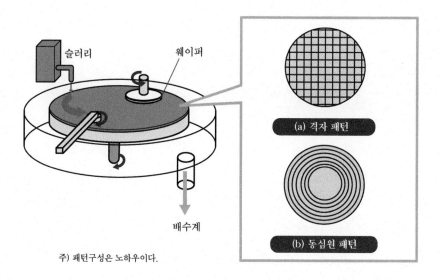

주) 패턴구성은 노하우이다.

그림 9-5-2 CMP 장치의 연마 패드 홈 패턴

컬럼

CMP 장치 = 리소그래피 장치?

저자는 CMP 장비가 반도체 전공정에 도입될 무렵, 막제조도 담당하고 있었으며, 막형성 후 평탄화는 당시의 막제조 담당자의 필수사항이었기 때문에 자동적으로 CMP도 담당하게 되었다. 이러한 사항은 각 반도체 회사의 사정이 다를지도 모른다. 당시는 평탄화라고 하면 식각 기술과 병행할 수 밖에 없었고 한계에 다다르고 있었기 때문에 지푸라기라도 잡는 심정으로 CMP 장치를 도입한 것 같은 생각이 든다. 물론 실리콘 웨이퍼의 거울 가공에는 폴리셔가 사용되고 있었으나 다른 대부분의 반도체 회사에서 실리콘 웨이퍼의 사내 제조는 멈춰 있었고, 기술의 전승같은 일도 없었던 것 같은 기분이다. CMP 장치라는 것은 시대에 역행하는 것으로 생각했지만, 전체 평탄화를 하는 것이 우선이었다. 그리고, 십년도 채 지나지 않아 CMP 장치가 클린룸 내에 수십 대 나란히 설치될 줄은 생각도 못했다. 이것은 노광 장치의 초점 심도의 저하를 보충하고 그 해상도 성능을 활용하려면 전체 평탄화가 필수라는 일면도 있었다. 따라서 다소 피상적이지만 CMP 장치는 리소그래피 장치의 일부라든지 초해상도 기술 중 하나(→ 6-11절)라는 견해도 있다.

9-6 종점 검출기구

마지막으로 CMP 장치의 종점 검출기능에 대해 설명할 것이다. CMP는 연마를 종료하는 시점을 정확하게 감지하지 않으면 과연마 되고 경우에 따라 불량품을 만들 수 있다.

▒ 종점 검출이란?

CMP의 경우는 식각과 동일한 제거 가공을 하기 때문에 최적의 시점에서 가공을 중지하지 않으면 안 된다. 또한 배경에는 CMP 율의 불안정성 문제가 있으며, CMP 처리시간 관리를 하기 보다는 정확한 종점 검출기능을 갖고 싶다는 요구에서 비롯되었다. 저자도 여러 가지를 경험하였지만 팹 현장에서의 운용이라는 관점에서는 조건을 검출하기 위하여 이용하는 테스트 웨이퍼와 실제 제품 웨이퍼의 패턴의 모양과 밀도가 달라, 테스트 웨이퍼에서 추출한 결과가 반드시 실제 제품 웨이퍼에 적용되지 않는다는 문제가 있었다. 이는 제거 가공인 식각 장치에서도 마찬가지이다. 그림 9-6-1에 CMP 장치와 식각 장치의 차이점과 유사점을 정리하여 도시하였다. 역시 정확한 종점 검출이 요구된다.

▦ 실제 종점 검출 방법

그림 9-6-2에 제안된 다양한 종점 검출 방법을 정리해 보았다. 이 중, 토크 센서와 진동 센서는 CMP 공정이 끝나면 연마 헤드의 회전 토크 및 진동이 변화하는 것을 이용하는 것으로, CMP에만 적용되는 것이라고 생각한다. 현재 장치에서는 광학방식이 주류를 이루고 있다. 오히려 9-2절에서 언급한 바와 같이 CMP 장치의 과점화가 진행되고 있기 때문에, 주요 장치 제조업체의 방식이 광학방식이라고 말하는 편이 나을지도 모른다. 광학방식에서는 연마 패드에 광 투과성의 창문을 붙여 놓고, 연마면의 반사율 변화를 광학적으로 검출하는 것이다.

종점 검출이 CMP에서 중요하다는 근거로는 CMP의 종점 검출 장치를 제조·판매하고 있는 회사도 있다는 것에서 알 수 있다. 또한 종점 검출 방법의 사용을 둘러싸고 CMP 장치 제조업체 간에 특허 분쟁이 발생한 경우도 있다.

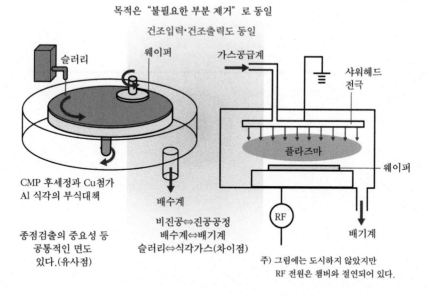

그림 9-6-1 건식식각 장치와 비교한 CMP 장치

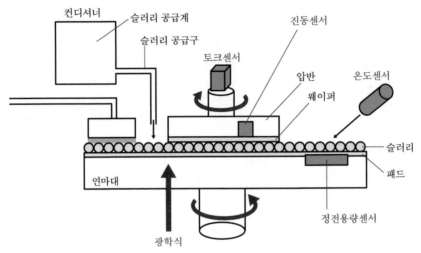

주) 편의상, 하나의 그림에 여러 가지 예를 도시하였다.

그림 9-6-2 현재 사용하는 장치에서 종점 검출의 예

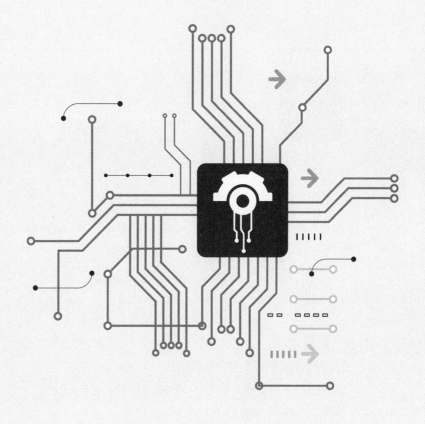

CHAPTER **10**

검사·측정·분석 장치

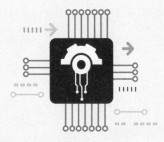

이 장에서는 반도체 팹에서 사용하는 검사·측정·분석 장치의 개념과 원리 등의 기본적인 사항을 설명할 것이다. 이 장치 없이는 현재의 반도체 제조 장치·공정이 여기까지 발전하지 않았을 것이라는 생각에서, 특히 전공정 반도체 제조공정을 개발하고 생산라인을 관리하는 입장에서 관찰할 것이다.

10-1 공정 후 활약하는 측정 장치

인라인 모니터링에서는 공정의 결과 및 장치의 상황을 다양한 형태로 관찰한다. 여기에서는 그 개요를 설명한다.

▓ 무엇을 측정해야 하는가?

반도체 전공정에서 다양한 모니터링을 실시한다. 이때 필요한 것이 측정 장치이다. 반도체의 기본 공정은 매우 관리하기 어렵고 시간이 걸리는 과정이다. 전공정은 작업을 하면서 결과를 볼 수 없다고 해도 과언이 아닌 공정이다. 이것은 조립 작업처럼 나중에 다시 조립할 수 있는 생산 형태와는 크게 다르다. 이는 장기에서 말하는 "무르기 없기" 작업이라는 것이다.

또한 웨이퍼 간의 차이, 웨이퍼 내에서의 격차, 칩 간의 차이, 트랜지스터 간의 차이를 고려하면, 정해진 것을 만든다는 생각보다는 웨이퍼 전체를 "일정한 차이에 넣는다"라는 생각을 해야만 한다. 일괄적으로 제조한 것에는 차이가 많은 것은 사실이지만, 반도체 공정은 그 차이를 얼마나 작게 유지하면서 재현성을 유지하느냐가 기본이다. 따라서 장치의 상태나 공정의 결과를 항상 모니터링해야 한다. 그 모니터링도 공정 중에 실시하는 내장형(in situ) 모니터링 과 공정 후에 실시하는 외장형(ex situ) 모니터링이 있다.

이들은 공정을 진행하고 있는 라인의 상태를 모니터하기 때문에 인라인(inline) 모니터링이라고 한다. 경우에 따라서는 팹 외부에서 모니터할 수도 있지만, 그것은 오프라인(offline) 모니터링이라고 한다.

어떤 측정을 하는지를 그림 10-1-1에 정리하여 도시하였다. 세세한 측정을 언급하자면 이외에도 많겠지만, 주요 검사·측정을 설명하였다. 지금부터는 주요 장치에 대한 기본적인 사항을 설명할 것이다.

▒ 어떤 공정에서 어떤 측정을 할 것인가?

전공정은 기본적으로 크게 분류하여 ① 세정, ② 이온 주입·열처리, ③ 리소그래피, ④ 식각, ⑤ 막제조, ⑥ 평탄화 (CMP) 이렇게 6개의 조합으로 이루어져 있다. 전공정은 "순환형" 공정이다. "순환형"과 "흐름형" 등은 저자가 명명한 것으로, 조립공정과 같이 콘베어밸트에 부품을 추가하여 조립하면서 제품이 흘러가는 방식이 아니라 동일한 공정을 반복하여 제품이 형성되어가는 방식이라는 의미이다. 따라서 측정도 수회 반복한다. 주요 측정공정 관련 서적에서 다룬 6개의 공정에 대한 순환을 그림 10-1-2에 도시하였다.

항목		사례
가공 치수	두께	산화막, 질화막, poly-Si막, 금속막, 실리사이드막, 레지스트막…
	선폭 등	레지스트패턴, 게이트, 배선, 컨텍/비아홀 직경 …
	단차	배선, STI*, 커패시터 전극
리소그래피 얼라인먼트(정렬)		중첩(shot, 칩)
파티클		클린룸의 부유먼지, 장치내(운반, 공정) 먼지, 인체먼지
패턴결함		레티클(마스크) 기인, 공정 기인, 파티클 기인, 작업실수
오염		금속이온, 유기물, 교차오염…
재료·구성		비저항, 주입불순물, 막조성, PMD, ILD**, 보호막
외관		Si기판, 매크로 검사, 마이크로 검사, 단면(SEM)
소자특성		Tr 특성, 커패시터 특성, 저항값, 배선단락…

그림 10-1-1 검사·측정장치의 개요

---

* STI ; Shallow Trench Isolation의 약자. 트랜지스터 등 소자의 전기적 분리를 수행한다.
** PMD, ILD ; 218페이지 각주 참조.

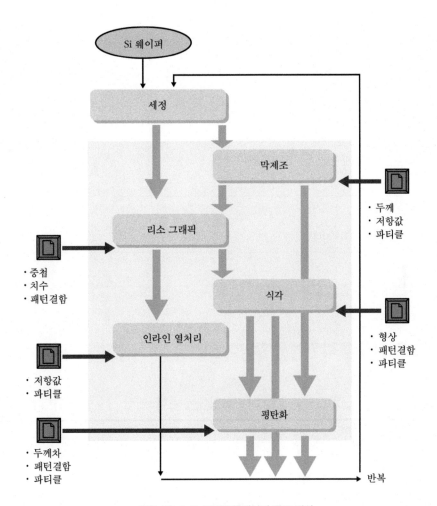

그림 10-1-2 공정흐름에서의 주요 검사

▒ 요구되는 성능

물론 전수 검사나 선택 검사도 수행한다. 전공정 팹에는 이러한 검사용 측정 장치도 많이 설치되어 있다. 측정·검사 장치에 요구되는 성능은 역시 그 성능에 관한 것으로, 다음 사항들을 생각할 수 있다. 또한, 모든 비파괴 검사가 이상적이지만 검사장치에 따라 파괴 검사를 수행하는 경우도 있다.

---

① 해상도 : 최소 치수의 1/2 ~ 1/3이 필요 (파티클, 결함)

② 검출율 (capture rate)의 향상

③ 검사·측정 범위의 확대

④ 비접촉, 비파괴 검사·측정의 확대

기타 생산 현장에서의 장치라는 의미에서

---

⑤ 처리량의 향상

⑥ 구분 가능한 라인업(lineup)

도 원하는 성능이 될 것으로 생각한다.

10-2 전공정 라인에서 활약하는 리뷰스테이션(review station)

전공정에서는 공정 결과를 항상 모니터링해야 한다. 가장 간단한 모니터링은 웨이퍼 외관 검사이다. 먼저, 외관 검사 장치에 대하여 설명할 것이다.

▒ 외관 검사 장치의 개요

전공정의 결과는 육안으로 검사할 수 있는 수준은 아니다. $1\mu m$ 이하 수준의 미세 가공을 실시하기 때문에, 광학 현미경 등으로 관찰한다. 광학 현미경이라고 해도 인간의 눈에 의존할 수밖에 없기 때문에, 자동화된 현미경 모니터장치가 필요할 것이다. 따라서 이 장치를 리뷰스테이션이라고 부르는 경우도 있다. 시스템화 된 외관 검사장치라는 의미도 있다. 이것은 웨이퍼 외관 검사뿐만 아니라 마스크(레티클)의 외관검사 등에도 사용된다, 여하튼, 외관 검사가 기본 중의 기본이다. 문제가 되는 것은 이른바 불량을 일으키는 결함(killer defect)*이라고 부르는 것이다. 이를 해결하기 위해서 결함의 검출 감도를 증가시키고 자동 결함분류(ADC : Auto Defect Classification)의 성

---

* killer defect ; 불량이 되는 치명적인 결함을 이렇게 부른다.

능을 높일 필요가 있다. 그러기 위해서는 많은 데이터의 축적이 필요하다. 그림 10-2-1에 그 개념을 도시하였다. 검출 한계(감도)를 증가시키는 것은 물론, 발견된 결함 중 어느 것이 수율에 치명적인 영향을 미치는 결함인지를 구분하는 것이 중요하다. 또한 높은 처리량도 요구된다.

▥ 공초점 현미경의 개요

여기서 주로 사용하고 있는 현미경은 공초점(confocal) 현미경이다. 그림 10-2-2에 그 원리를 도시하였으며 웨이퍼에 레이저 광을 집속시켜 미세한 광을 조사하고 그 반사광을 수광면 전면에 배치한 핀홀에 다시 집중시켜 핀홀을 통과한 빛을 감지하는 방식이다. 웨이퍼에 초점이 있었던 경우의 반사광은 수광기에도 초점이 맞도록 설계되어 있기 때문에 공초점 광학계로 알려져 있다. 즉, 초점이 맞지 않은 정보는 핀홀(pinhole)을 통과하지 않기 때문에, 고해상도와 고대비의 화상을 얻을 수 있는 것이 특징이다. 물론 해상도는 광학 현미경으로는 한계가 있으므로, SEM을 이용한 검사 장치도 있다. SEM에 대해서는 10-5절에서 설명할 것이지만, EDX라는 원소 분석기 능을 추가하여 결함이 있는 원소의 분석을 할 수 있도록 구성한 것도 있다.

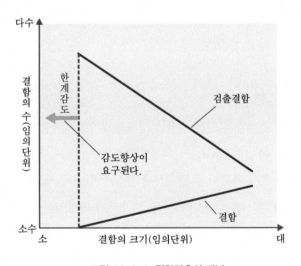

그림 10-2-1 결함검출의 개념

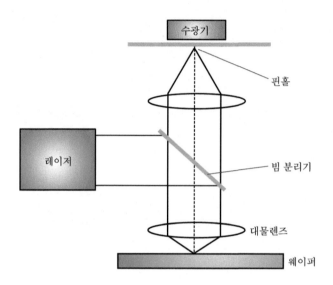

그림 10-2-2 공초점 광학현미경의 원리

10-3 파티클을 찾아내는 표면 검사 장치

파티클(particle)은 반도체 공정에서 가장 큰 오염원이다. 이 절에서는 웨이퍼 표면의 파티클을 측정하는 장치에 대해 설명한다. 이른바 베어(bare) 웨이퍼*나 막이 있는 웨이퍼의 표면에 대한 것이다.

▒ 파티클은 오염원

실리콘 웨이퍼의 파티클은 직접 수율**저하의 원인이 된다. 예를 들면 LSI의 배선 치수는 첨단 LSI에서는 수십 nm 이하의 수준이므로 실리콘 웨이퍼 표면에 파티클이 존재한다면 배선 형성시 패턴이 단선되거나 형상 불량을 일으키기도 한다. 따라서 파티클을 엄격하게 관리하는 것이 반도체 공정의 필수사항이라 할 수 있다. 이를 위해 공기 중 파티클을 매우 적게 유지하는 클린룸이라는 방에서 공정이 진행된다는 것을

---

* 베어 웨이퍼 ; 가공을 하지 않은 웨이퍼. 베어 실리콘이라 부르기도 한다. 베어(bare)에서 비롯된 용어
** 수율 ; 불량 비율

2장에서 설명한 바 있다. 그러나 공정장치 내에서 파티클이 웨이퍼에 부착하는 경우가 발생하면 안 된다. 따라서 공정장치 내의 파티클을 모니터링 해야 한다. 예를 들어 웨이퍼를 기본 공정장치에 운반하고 탈착할 때, 그 전후의 파티클을 베어 웨이퍼나 막의 특성을 알고 있는 웨이퍼를 이용하여 검사하는 것이 일반적이다. 이를 위하여 사용하는 것이 웨이퍼 표면 검사 장치이다.

▨ 파티클 검출의 원리

베어 웨이퍼의 경우 광학 산란식 검출 방법이 사용된다. 그림 10-3-1에 그 원리를 도시하였다. Ar 이온 레이저 (파장 488nm)를 웨이퍼 표면에 조사하여 파티클에 의하여 산란된 부분을 모니터링하며 파티클의 크기, 갯수, 위치(웨이퍼 상의) 등을 감지한다. 이때 헤이즈(haze)*라는 연무상태도 감지합니다. 해상도는 라텍스 입자**를 사용

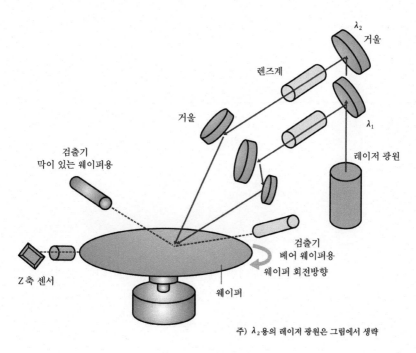

그림 10-3-1 웨이퍼 검사 장치

---

* 헤이즈(haze) ; 실리콘 웨이퍼 표면의 구름모양
** 라텍스 입자 ; 합성 고분자 재질의 구형 입자. 다양한 입자 크기가 준비되어 있다.

하면 0.08 μm까지 가능하다. 막이 있는 웨이퍼의 경우 그림과 같이 베어 웨이퍼와는 다른 검출기로 수행한다. 막표면 균열의 영향을 받지 않도록 베어 웨이퍼의 경우보다 낮은 입사각으로 빛을 조사한다. 또한 레이저의 파장은 도시한 바와 같이 다른 파장을 이용한다.

▒ 표면 검사 장치

웨이퍼의 탑재·탈착이 가능한 자동 측정기가 주로 사용된다. 파티클의 위치는 장착된 디스플레이에서 웨이퍼 상의 위치 맵(map) 형태로 표시된다. 그것을 인쇄하고 분석할 수 있으며 컴퓨터에 연결하는 것도 가능하다. 결함은 ADC(Auto Defect Classification)라는 기능으로 자동 분류할 수 있는 소프트웨어가 개발되어 있다. 베어 웨이퍼에도 파티클 뿐만 아니라 다양한 결함이 있다. 그들도 ADC 기능으로 분류한다. 따라서 장치의 성능으로 고해상도는 물론이고, 빠른 검사와 ADC 기능을 갖추고 있는 것이 필요하다.

10-4 패턴이 있는 웨이퍼의 결함 검사 장치

베어 웨이퍼 이외의 즉, 공정이 진행되어 패턴이 있는 웨이퍼의 표면에 파티클이나 다양한 결함을 검사하는 것은 베어 웨이퍼보다 더 어렵다. 그들을 검사하는 것이 패턴이 있는 웨이퍼의 결함 검사 장치이다.

▒ 패턴이 있는 웨이퍼의 결함 검사란?

직관적으로 베어 웨이퍼보다 패턴이 있는 웨이퍼 상의 파티클과 결함을 검출하는 것이 어려울 것이라고 생각한다. 웨이퍼 표면의 패턴과 파티클, 결함 등을 분리하는 S/N 비를 올려 해상도가 높은 것이 바람직하다.

▒ 패턴이 있는 웨이퍼의 검사 원리

패턴이 있는 웨이퍼의 검사는 전 절과 같이 광산란 방식도 있지만 화상의 패턴 비교방법이 주로 사용된다. 이것은 조명광을 웨이퍼에 조사하여 패턴의 화상을 검출면에 도출하고 화상 신호를 컴퓨터로 가져와 동일 패턴의 신호들을 비교하여 결함을 검출하는 방법이다. 동일 패턴을 비교함으로써 패턴 아래 부분이나 요철 형상의 영향을 배제하면서 결함을 검출할 수 있다.

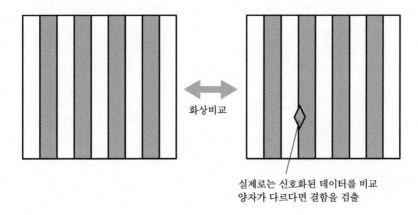

화상비교

실제로는 신호화된 데이터를 비교
양자가 다르다면 결함을 검출

그림 10-4-1 패턴이 있는 웨이퍼의 검사 장치의 원리

어떻게 비교하는지는 제품에 따라 달라진다. 예를 들어 메모리와 같이 일정한 패턴의 경우, 인접 셀끼리 비교하며, 논리 LSI와 같이 불규칙한 패턴에서는 다른 칩에서 같은 패턴의 부분을 비교하는 방법 등이 있다. 각 반도체 회사에서 다양한 연구를 하고 있다고 생각한다. 아래의 컬럼도 참고하십시오. 이 패턴 비교법은 확실한 방법이지만, 화상을 비교하면서 전면 검사를 하면 처리량이 작아지는 것이 걸림돌이다. 그러나 확실한 방법이므로 이 방법은 마스크(레티클)의 검사에도 응용되고 있다는 것을 알아두기 바란다.

▥ 패턴이 있는 웨이퍼의 검사장치 개요

역시 웨이퍼의 탑재·탈착 기능을 갖춘 자동 측정기가 주로 사용된다. 전 절의 표면 검사 장치도 그렇지만, 국소환경(mini environment)용 FOUP에도 대응하고 있다. 결함은 10-2절과 10-3절의 설명과 같이 ADC(Auto Defect Classification) 기능으로 자동 분류할 수 있는 소프트웨어가 개발되어 있다.

10-5 웨이퍼를 관찰하는 SEM

LSI의 가공 치수는 이제 수십 nm이며 더욱 미세화를 추구하고 있다. 광학 현미경으로 관찰할 수 없는 수준에서는 고해상도 스캐닝 전자 현미경 (이하 SEM)이 사용된다.

▨ SEM이란?

SEM은 Scanning Electron Microscope의 약자이다. 검사 장치로서의 SEM은 10-2절의 외관 검사장치 등에서 언급하였으며 길이 측정용 SEM은 10-6절에서 다양하게 설명하므로, 여기에서는 관찰 장치로서의 SEM에 대하여 설명한다. 전공정의 미세화 추진에는 SEM의 존재를 빠뜨릴 수 없다. 저자도 오랫동안 공정개발에 참여했지만, SEM에 정말 많은 신세를 졌다. 공정의 결과를 SEM으로 관찰하여 공정 조건의 개선을 도모할 수 있었기 때문이다. 또한 팹 현장에서도 공정 모니터로 SEM을 빼놓을 수 없다. 따라서 반도체 공정의 미세화를 위하여 SEM의 고해상도화가 진행되었다고 생각해도 과언은 아닐 것이다. 여담이지만 저자가 재직한 개발 라인의 SEM은 개방되어 있어서 예약만 해 놓으면 누구나 사용할 수 있었기 때문에 SEM 예약 잡기에 몰두

한 적도 있다. SEM의 개요를 설명하기 전에 시료에 전자선 빔을 조사하면 어떻게 되는지 그림 10-5-1에 도시하였다. 이 밖에 반사 전자와 음극광 등도 있지만, 여기에서는 중요하지 않기 때문에 생략한다. 또한 전자총도 열전자총, 전계 방출(Field Emission : 줄여서 FE) 전자총, 쇼트키(Schottky) 전자총 등이 있다. 더 자세한 사항에 관심있는 독자분들은 전문 서적을 참조하십시오.

▨ **SEM의 개요**

그림 10-5-1의 2차 전자선이 SEM에서는 매우 중요하다. SEM의 경우는 전자 광학계로서 그 원리와 구조를 그림 10-5-2에 도시하였다. 시료에서 나오는 2차 전자선을 검출기에서 감지하여 상을 형성한다. 특정 X선은 원소에 따라 변화하기 때문에 X선에 대해서는 다른 검출기에서 감지 원소를 식별할 수 있다. 이것을 EDX* 분석 장치라고 한다. SEM 장치에 옵션으로 넣을 수 있도록 되어 있으며, SEM에서 장소를 확인하고 그 부분의 원소를 분석하여 불량분석 등을 수행할 수 있다.

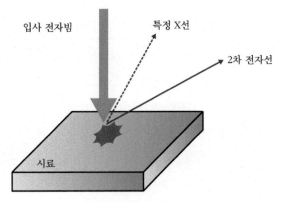

주) 기타 반사 전자나 음극선 등은 생략

그림 10-5-1 시료에 전자선 조사의 효과 (SEM)

---

* EDX ; Energy Dispersive X-ray Spectrometer (에너지 분산형 X선 분석장치) 의 약자

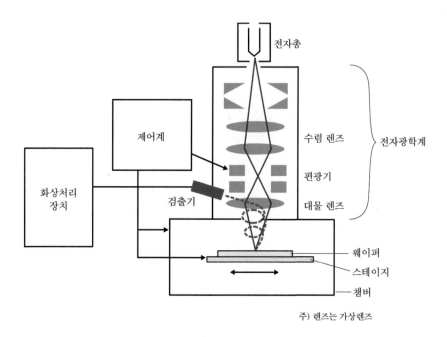

그림 10-5-2 SEM의 개략도

　시료는 웨이퍼 크기가 작았던 시절에는 웨이퍼가 들어가는 장치 (그림에서는 웨이퍼 용을 나타냈다.)도 있었지만, 여기서 설명하는 공정 관찰용은 관찰하고 싶은 부분을 조각 모양의 시료로 만들고, 그것을 관찰하는 방법을 사용한다. 즉, 파괴 검사한다. 여담이지만, MOS용 웨이퍼는 (100)의 단결정을 사용한다. (100)은 웨이퍼를 벽개하면 패턴과 평행 또는 직교하는 면이 나오므로 단면 관찰이 쉽다는 장점이 있다. 이것이 공정개발에 기여했다고 개인적으로 생각한다. 고해상도를 추구한 SEM은 인렌즈 (in-lens)형 대물렌즈로 되어 있어 구조상 웨이퍼보다는 조각 모양의 시료 관찰에 적합하다. 인렌즈형 대물렌즈를 그림 10-5-3에 도시하였다. 그림과 같이 대물렌즈(가상)에 시편이 들어가는 형태로 되어 있다. 따라서 시료의 크기가 제한되어 시료 제작에 익숙해지기까지 시간이 필요하다. 전자를 조사하기 때문에 시료 구조에 따라 충전 등의 문제가 발생하므로 만능은 아니지만, 반도체 공정개발 및 팹 운영에 SEM은 빠뜨릴 수 없다는 것을 마지막으로 강조한다.

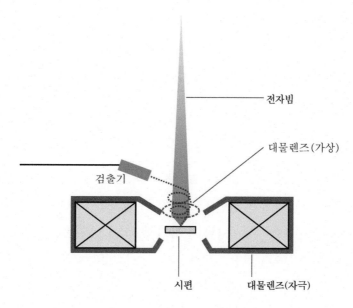

그림 10-5-3 인렌즈형 SEM의 개략도

10-6 미세 치수를 모니터링하는 측장 SEM

리소그래피 결과를 신속하게 모니터링하는 장치가 측장 SEM이다. 레지스트의 해상도 패턴을 항상 모니터하는 데 사용한다. 이것은 물론 비파괴 검사이다.

▒ 측장 SEM이란?

레지스트의 해상도 점검은 중요한 인라인 모니터링이다. 이에는 측장 SEM*을 빠뜨릴 수 없다. 완전히 SEM 방식이 주체가 되었지만, 원래는 패턴 치수가 컸기 때문에 광학 현미경 방식이 이용되고 있었다. 디자인 규칙이 1 μm 에 접근하면서 광학 현미경의 분해능으로 레지스트 패턴의 길이 측정이 불가능하게 되어, SEM 방식이 도입되었다. SEM이라면 광학 현미경의 약 천 배의 초점 심도를 가지고 있기 때문에, 레지

---

* 측장 SEM ; CD-SEM이라고 써있는 경우도 있다. 여기에서 CD는 Critical Dimension으로 적당한 영어표현은 아니며 이 장치에서는 정확한 치수가 파악된다.

스트 패턴의 상단이나 하단에서도 길이 측정이 가능하다는 효과도 있었다. 즉, 어디를 측정하던지 패턴 라인 끝의 검출이 중요하며, 그것은 초점 심도가 클수록 유리하다고 할 수 있다. 그림 10-6-1의 가장 왼쪽 그림과 같이 패턴의 상단과 하단에서 측정 길이 값이 다르게 나타난다.

▒ 측장 SEM의 원리

그림 10-6-1에 측장 SEM의 원리를 도시하였다. 길이 측정방식도 다양하지만, 그림 10-6-2에 도시한 바와 같은 라인프로파일(line profile)을 이용하는 방법이 일반적이다. 이것은 그림과 같이 패턴 폭 (W)를 가진 레지스트의 패턴을 측정할 때, 경사각이 커지는 부분에서 신호가 커지는 것을 이용하는 방법이다. 그림에 나타낸 바와 같이 피크·투·피크(peak to peak)법, 문턱값법, 직선 근사법 등이 있지만, 문턱값법이나 직선근사법을 일반적으로 사용한다.

장치는 웨이퍼 자동 탑재·탈착부와 길이 측정용 SEM부와 화상 처리부가 주요 구성 요소이다. 장치 성능 면에서 보면 물론 해상도가 가장 중요하지만, 빠른 처리가 가능한(시간당 50장 정도) 자동 측정기능이 요구된다. 치수의 절대값이 정확한지 의문

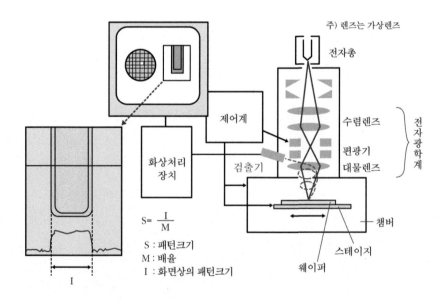

$$S= \frac{I}{M}$$

S : 패턴크기
M : 배율
I : 화면상의 패턴크기

주) 렌즈는 가상렌즈
전자총
제어계
수렴렌즈
편광기
대물렌즈
전자광학계
화상처리장치
검출기
챔버
스테이지
웨이퍼

그림 10-6-1 측장 SEM의 개요

을 갖게 된다고 생각하므로 측정 길이의 보정을 실시한다. 이것은 국가에서 정한 교정용 샘플이 있으며 길이 측정 전에 반드시 교정하게 되어 있다. 측장 SEM의 측정 데이터를 통합하여 설계데이터와 상호 작용할 수 있는 시스템도 고안하고 있다.

최근 레지스트 패턴의 미세화 때문에 패턴 폭 측정만이 아니라 패턴 가장자리 불규칙성(라인엣지러프니스 ; Line Edge Roughness, LER)을 염려하게 되었다. 이것에 대해서는 설명하지 않겠지만, 측장 SEM이 아닌 AFM과 같은 방법(10-9절 참조)을 이용하여 문제를 해결하는 방법을 연구하고 있다.

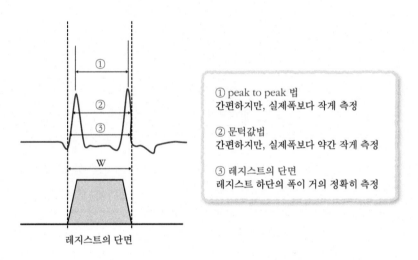

그림 10-6-2 측장 SEM의 측정방식 비교

10-7 리소그래피에 필수적인 중첩 검사 장치

리소그래피는 해상도도 중요하지만, 중첩 정밀도도 중요하다. 왜냐하면 반도체 공정에서는 몇십 장의 마스크를 이용하여 패턴을 거듭 반복하기 때문이다.

▓ 중첩 정밀도란?

반도체 공정에서 중첩의 예를 설명할 것이다. 그림 10-7-1에 첨단 로직 공정의 W 플러그와 첫번째 Cu 배선에 대한 예를 도시하였다. 물론 그림 (a)와 같이 W 플러그에 대해 첫번째 Cu 배선 패턴이 중첩되지 않은 경우는 논외이다. 그림 (b)에 도시한 바와 같이 W 플러그의 윗부분이 Cu 배선으로 덮어지는 중첩 정밀도가 필요하다. 이것은 극단적인 경우를 표시하고 있지만, LSI는 다양한 패턴을 겹쳐서 집적화하여 전자회로를 제작하는 공정으로 이루어져 있기 때문에 중첩이 매우 중요할 것이다.

▥ 중첩 검사의 원리

중첩은 웨이퍼에 미리 형성된 마크와 레티클의 마크 간의 겹침 차이를 그림 10-7-2와 같이 감지한다. 마크의 모양은 그림과 같이 바·인·바 (Bar in Bar) 및 박스·인·박스 (Box in Box)라는 것이 있고, 마크 자체의 크기는 $20\mu m$ 정도이다. 이 마크와 레티클은 각 샷(shot)의 모서리에 새겨져 있다. 1장의 웨이퍼 내에서 몇 샷을 측정하고 데이터는 통계적으로 관리되는 노광 장치에 피드백 된다.

이 책에서 설명하고자 하는 취지는 아니지만 중첩 오차의 원인으로써, 다양한 모델도 제안되고 있으며, 레티클 또는 웨이퍼가 노광 장치의 광축에 대해 다소 기울어져 있는 것이 원인으로 알려져 있다. 또한 렌즈의 수차*등도 원인이 된다. 노광 장치의 주요 렌즈는 각각 달인의 영역에 도달한 장인의 손으로 제작하는 것으로 알려져 있으며, 그에 따라 약간의 차이가 나오는 것도 관계가 있을지 모른다. 또한 중첩 정밀도를

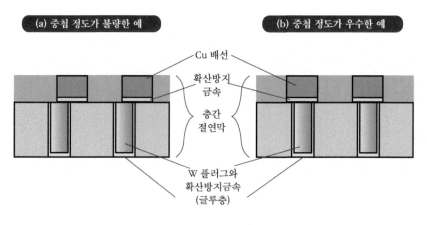

그림 10-7-1 중첩의 예

---

* 수차 ; 렌즈의 수차는 빛의 파장에 따른 색수차와 파장에 의하지 않는 광학수차가 있다. 전자는 파장의 차이에 의하여 광로에 차이가 발생하는 것으로 본래의 결상점이 어긋나는 현상.

영어로는 Overlay Accuracy라 하며 오버레이 정밀도라고 부른다. CMP 후 평탄화된 마크를 어떻게 감지하는지 등 공정 운용상 문제도 있다.

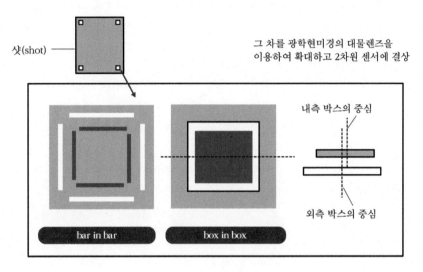

그림 10-7-2　중첩 검사의 원리

10-8 막두께 측정 장치 및 기타 측정 장치

반도체 공정에서는 막제조 공정이 여러 번 수행된다. 그 막의 종류도 두께도 다양하다. 이 절에서는 그 두께를 측정하는 장치에 대하여 설명하며 기타 측정 장치를 열거할 것이다.

▨ 두께 측정의 원리

반도체 공정에서의 막두께 측정법은 크게

① 물리적 접촉 측정
② 광학적 측정
③ X선에 의한 측정

으로 분류할 수 있다. 가장 일반적인 것은 광학적 측정이며, 이 방법은 비파괴·비접촉으로 측정이 가능하다. 금속막의 측정은 X선에 의한 측정 장치가 출시되어 있다. 가장 일반적인 방법은 광간섭을 이용하는 분광식 두께 측정법으로 그림 10-8-1에 그 원리를 도시하였다. 이것은 미리 막의 종류를 알고 있어, 그 굴절률을 규정하고 분광 스펙트럼의 피크 파장을 이용하여 계산하는 방법이다. 막이 얇아지면 피크가 선명하지 않게 되므로, 그때는 편광을 이용하는 엘립소미터(ellipsometer)*를 이용하여 두께를 측정한다.

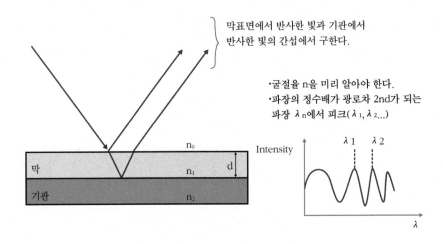

그림 10-8-1 분광식 막두께 측정의 원리

▥ 현미경의 동향

SEM은 표면의 요철 등의 관찰에는 적합하지 않으므로 주사 터널링 현미경 (STM : Scanning Tunnel Microscope)과 원자간력 현미경(AFM : Atomic Force Microscope) 등의 프로브(probe)를 이용하는 탐침형 현미경도 많이 이용하기 시작하고 있다. 이들은 캔틸레버(cantilever)로 표면을 본뜨듯이 스캔하고 그 터널 전류와 원자간력을 모니터하여 표면의 미세한 요철을 측정하는 것이다. 해상도는 높지만 큰 영역을 측정할 수 없다는 단점이 있다.

---

* 엘립소미터(ellipsometer) ; 시편의 표면에 직접 편향을 입사하면 반사빛의 굴절상태가 입사면에 평행성분과 직각성분으로 나뉘는 성질을 이용한다.

▒ 기타 측정 장치

기타 공정 모니터링에 사용하는 장치는 저항 측정장치, 평탄도 측정장치 등이 있다. 전자는 이온주입·열처리 후 저항값을 모니터하고 도핑의 결과를 모니터하기 위하여 사용한다. 후자는 CMP 공정 후 평탄도를 측정하는 것이다. 평탄도 측정에는 다양한 방법이 있으며, 접촉형은 AFM 등으로 대표되는 것과 같이 분해능이 좋은 것이 특징이지만, 측정 영역이 좁아 오프라인으로 검사한다. 이에 대해 비접촉식에는 광학 간섭 현미경을 이용하고 있으며, 해상도는 떨어지지만 측정 영역이 넓기 때문에 인라인으로 사용할 수 있다. 그림 10-8-2에 그 예를 도시하였다.

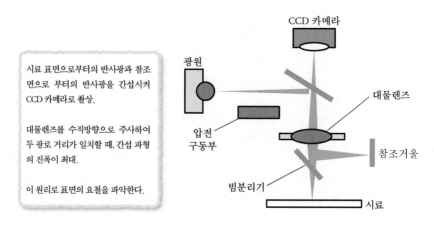

그림 10-8-2 광학식 평탄도 검사 장치

10-9 단면 등을 관찰하는 TEM/FIB

불량위치를 직접 관찰할 때 투과 전자현미경(이하, TEM)이 필요할 수 있다. 이 시료 제작에 유용한 장치가 FIB이다.

▒ TEM이란?

TEM은 Transparent Electron Microscope의 약자이다. 여기서 그림 10-5-1을 기억해 주기 바란다. SEM의 경우는 주로 2차 전자선을 검출하지만 TEM의 경우는 그림

10-9-1과 같이 투과 전자선과 탄성 산란전자를 이용한다. 시료는 얇게 제작하여야 하기 때문에, 만드는 방법도 특별한 기술을 가지고 있어야만 한다. 설명서를 이용하여 제작하는 것도 가능하지만, 상당한 숙련도가 있어야 한다. 여기에서는 FIB 장치를 사용하여 제작하는 방법을 다음 항에서 설명할 것이다. TEM의 해상도는 SEM보다 더 커서 격자상이라면 0.1nm 수준이다. 전자총은 SEM의 설명에서 언급한 열전자총을 이용하며 LaB_6 (통칭 라브로크 라고도 하며 공식적으로는 Lanthanum Boride이다.) 필라멘트를 직류 가열함으로써 전자를 발생시킨다.

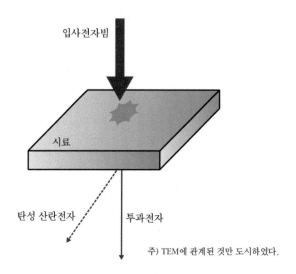

그림 10-9-1 시료에 전자총 조사의 효과

TEM의 광학계도 SEM과 마찬가지로 전자 광학계이며 그림 10-5-2에 도시한 구조와 유사하다. 다만, 가속 전압, 검출기 등은 전혀 다르므로 SEM을 개조하여 TEM으로 사용하는 것은 불가능하다.

▒ FIB란?

FIB는 Focused Ion Beam의 약자로 집속 이온빔으로 번역할 수 있다. 이온 소스에서 발생한 이온을 정전 렌즈계에서 빔의 형태로 가속시켜 시료에 조사하여 스퍼터링 작용에 의해 시료를 식각하는 것이다. 이온 소스는 이온주입 장치와는 상이하며 참고로 그림 10-9-2에 도시하였다. 현재는 액체 Ga 이온 소스를 사용하여 Ga 이온빔을 가늘게 좁혀 국소 영역에 미세 가공하는 형태로 되어 있다. 반도체 결함 분석에 FIB와 SEM, FIB와 TEM을 조합하여 90년대 후반부터 발전하여 왔다. 특히 다음 항에서 언급할 결함 맵과 조합하여 FIB에서 불량 부분을 시료로 만들고 TEM 등으로 관찰하는 방법이 일반적으로 사용된다. FIB와 TEM의 조합에서는 FIB에서 삼차원의 시료를 만들고, 그것을 TEM에 운반하며 TEM에서는 구조 해석을 위한 공통 시료대가 준비되어 있으므로 두 조합의 강점을 발휘하고 있다. 이 경우는 관찰 부분을 주상으로 가공하기 때문에 FIB에서 심하게 식각해야 한다. 그림 10-9-3에 그 개요를 도시하였다.

시료를 제작하는 시간, 비용, 숙련도 등이 필요할 것이다. 또한 시료를 관찰하는 TEM을 잘 다루려면 숙련이 필요하다. 반도체 팹에서는 일상의 검사·분석 장치라기보다는 불량분석 도구로 자리 잡고 있다. 분석 전문회사에 아웃소싱하는 경우도 있다.

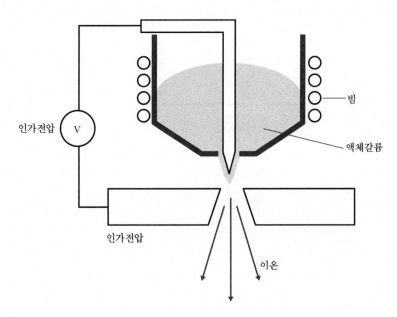

그림 10-9-2 FIB의 액체 Ga 이온소스의 개념

▦ FIB의 응용

이와 같이 FIB는 이온빔을 이용하여 가공하는 기술로서 다양한 응용법이 고안되고 있으며 증착 성분 가스를 추가하여 국소 증착 (단선위치의 복구 등)을 실시할 수도 있다. 여담이지만, 1980년대 초반에는 FIB를 차세대 리소그래피 기술의 후보로 연구하고 있었던 시기도 있었다. 이 경우 빔으로 마스크를 통해 정전 렌즈계에서 웨이퍼에 상을 형성하는 광학계가 필요할 것이다.

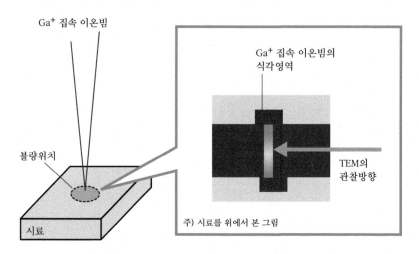

그림 10-9-3 TEM/FIB의 관찰 예

10-10 수율 향상을 위한 검사·측정·분석 장치의 통합

마지막 절로서, 지금까지 설명한 검사·측정·분석 장치를 사용하여 어떻게 수율 향상에 기여할 수 있는지를 쉬운 예를 들어 설명할 것이다.

▒ 불량 분석의 기본

지금까지 설명한 공정 후의 검사·측정 결과는 각각의 공정으로 피드백되어 공정의 안정화에 기여한다. 파티클 측정 결과는 클린룸의 관리 및 제조장치의 유지·보수 등을 위하여 피드백된다. 불량을 분석한 후, 수율 향상에 기여하는 방법을 설명할 것이다. 그림 10-10-1은 동일한 웨이퍼를 공정의 진행 상태에 따라 패턴이 있는 웨이퍼의 검사 장치에서 모니터한 예이다. 웨이퍼의 동일한 위치에서 비교하면 그림의 a 결함은 처음부터 계속 발견되고 있으며, b 결함도 도중에 계속 발견되고 있기 때문에 이것은 확실히 결함 부분이라고 판단된다. 이에 대해, c처럼 중간에 사라져 버린 것은 잘

못된 판단 또는 파티클이 있더라도 중간 과정에서 제거되었을 가능성이 있다. 또한 다른 흰색의 결함 (공정 4 이후 발견된 것은 공정 5 이후의 검사와 비교해야 한다.)도 가능성이 있다. 이렇게 하여 패턴 결함 검사 장치를 이용하는 것이 기본이다.

a와 b의 부분은 불량위치가 될 수 있다.

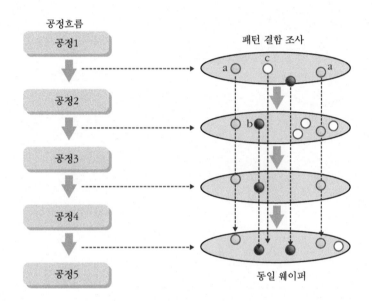

그림 10-10-1 결함 중첩의 예

▦ FBM과의 비교

FBM은 Fail Bit Map의 약자로 웨이퍼 공정 완료 후 공정 모니터에 보낸 웨이퍼를 중간에서 빼내 프로빙(probing) 장치로 측정하여 불량위치로 판단한 장소를 그림 10-10-2의 왼쪽과 같이 지도화하는 것이다. 이것과 오른쪽의 패턴이 있는 웨이퍼의 결함 검사 장치의 결함 맵을 비교하여 어떤 결함이 있는지를 확인할 수 있다. 프로빙 시스템은 11-2절을 참조하십시오. 웨이퍼 공정 후 불량 분석과는 별도로 공정 모니터로 이 방법을 사용하면 새 결함의 신속한 분석이 중요할 때, 그것이 결함이 될지 미리 파악하여 공정에 피드백 해야 한다. 이때 앞서 설명한 TEM/FIB 등을 이용하고 있다. 또한 검사 장치는 이러한 맵핑(mapping)화 및 주소(address)화가 필요한 것은 말할 필요도 없다.

여기에 소개한 것은 극히 일부의 알기 쉬운 예이다. 이러한 검사·측정·분석 장치를 사용하여 얻어진 데이터 분석 시스템을 포함하여 수율 관리시스템(YMS : Yield Management System)으로 통합해 나갈 필요가 있을 것이다.

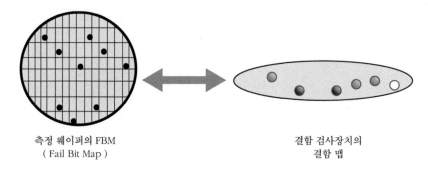

측정 웨이퍼의 FBM
(Fail Bit Map)

결함 검사장치의
결함 맵

그림 10-10-2 FBM과 결함맵에 대하여 비교한 예

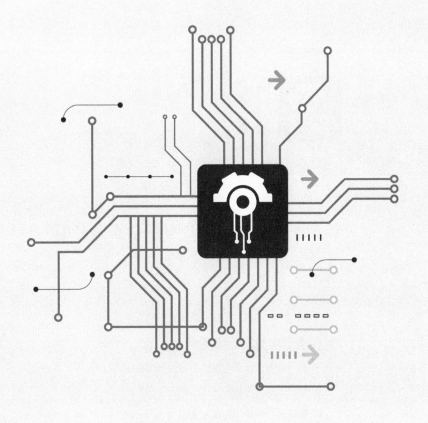

CHAPTER **11**

후공정 장치

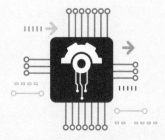

후공정에서 사용하는 주요 제조 장치에 대하여 설명한다. 11-1절의 후공정 흐름을 참고하면서 읽으면 대략적인 각 장치의 개요를 이해할 수 있을 것이다.

11-1 후공정의 흐름과 주요 장치

후공정은 전공정에서 제작한 LSI를 실리콘 웨이퍼에서 칩으로 잘라, 그것을 패키지에 수납하고, 출하 검사를 하기까지의 과정이다. 전공정과 달리 가공적인 측면이 강하고, 각 공정에서 독립적인 장치가 사용된다.

▨ 후공정이란?

전공정 과정은 화학적·물리적 반응을 이용하는 것이 많고, 실제 공정 자체를 눈으로 확인할 수 있는 것은 없다. 그러나 후공정은 웨이퍼를 얇게 하거나 칩으로 자르거나 와이어 본딩을 하는 등 기계적인 가공을 하는 경우가 많고, 눈으로도 확인할 수 있는 공정이 많은 것이 특징이다. 그러나 후술하는 바와 같이 높은 정밀도가 요구된다. 장치도 전공정 장치와는 전혀 다르다. 또한 공정의 작업 대상 품목 (워크 : work)은 웨이퍼, 칩 (후공정에서는 "다이(die)"라든지, 예전에는 펠릿트(pellet)라고 부르기도 하였다.), 패키지 등 다양하다. 따라서 특별한 기구를 사용하고 있다. 전체 공정 흐름을 그림 11-1-1에 도시하였으며 동시에 개별 작업 대상 제품을 그림에 나타내었다.

장치 사업 참여자들은 전공정과는 전혀 다르다는 것을 알 것이다. 물론 모두 참여하는 장치 제조사도 있지만 수는 많지 않다. 전공정의 공정 장치는 진공장치를 사용하거나 특수 가스를 사용하는 등의 경우가 많기 때문에 대부분 그 분야의 전문 제조업체가 참여하고 있다. 한편, 후공정의 장치 제조사는 프로빙 및 출하 검사의 검사 장치와 같이 기타 제품 분야에서 범용성이 있는 것도 있지만, 자체 기술을 필요로 하기 때문에, 역시 오랜 전문 제조사가 활약하고 있는 것이 현실이다.

▨ 후공정 팹 및 장치

규모나 종류의 차이는 있지만, 전공정 장치에서와 같이 특수 가스나 약품을 사용하기 때문에 요구되는 부대시설도 필요할 것이다. 또한 청정도도 어느 정도 필요하므로 일단 클린룸이 필요하다. 그러나 후공정의 청정도*는 전공정에 비해 높지 않다. 후공

---

* 후공정의 청정도 ; 일반적으로 클래스 1000이라든지 10000정도. 클라스 1000정도면 환기 횟수

정은 그림 11-1-1에 도시한 바와 같이 공정의 흐름에서 작업이 진행되기 때문에 전공정처럼 동일한 종류의 공정 장치를 여러 번 통과하는 순환형 공정이 아닌 흐름형 공정이다. 따라서, 후공정 팹에서 장치는 공정 순서에 따라 배치되어있는 경우가 대부분이다. 그림 11-1-2는 일반적인 후공정 팹의 배치도를 도시한 그림이다. 작업 대상 제품은 웨이퍼, 칩, 패키지 등 다양하기 때문에 특별한 케이스나 도구를 사용한다. 그 도구는 각 공정 내에서 순환하는 구조로 되어 있다. 전공정과 같이 웨이퍼 캐리어가 클린룸을 순환하는 흐름은 없다.

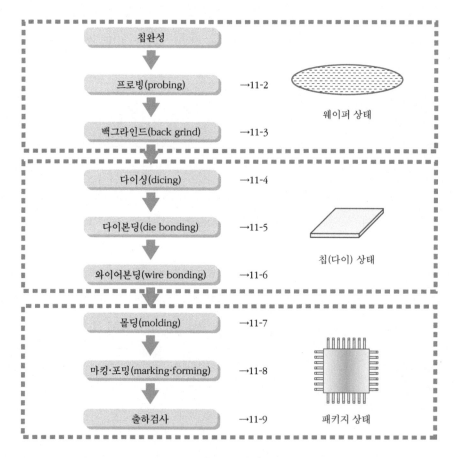

그림 11-1-1 후공정 흐름과 작업 대상 제품

는 수십 회/시간 정도이다.

 2-9절에서 설명한 바와 같이 생산 설비로서 처리능력의 불균형은 흐름형의 후공정에서는 전공정보다 문제가 적을 것이다. 작업 대상이 웨이퍼만은 아니기 때문에 비교는 의미가 없다고 생각한다.

 또한 후공정 팹의 입지는 전공정과는 다른 동과 부지, 나아가서는 멀리 떨어진 다른 지역으로 되어 있는 경우도 많은 것이 현실이다. 최근에는 자동화가 꽤 진행되었지만 이전에 사람이 작업할 경우, 노동 집약적인 산업이었다. 일본에서도 반도체 산업의 규모가 작은 시절에는 국내 후공정 팹을 짓는 일이 많았지만, 그때는 인건비 등의 비용 절감을 위해, 대만, 중국, 동남아 등에 후공정 팹을 설치하였었다. 미국에서도 마찬가지였다. 반도체의 경우 전공정 팹에서 후공정 팹까지 웨이퍼 상태에서 운반되기 때문에 운송비용은 다른 산업에 비해 그다지 높지 않다는 점도 전공정과 후공정 팹을 분리하는 요인이 되었다. 또한 후공정은 전공정에 비해 장치의 초기 투자 및 클린룸 건설 투자액이 적기 때문에 후공정만의 공장은 전공정 공장이 등장하기 전부터 존재하였다.

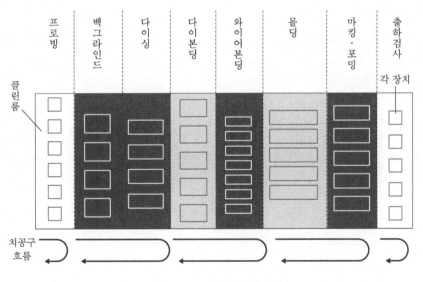

그림 11-1-2 후공정 팹의 배치도

11-2 전기적 특성을 측정하는 프로브(probe) 장치

전공정이 끝난 웨이퍼는 그 위에 형성된 각 칩이 전자 소자로서 불량 여부를 판단하는 공정이 필요하다. 그것을 수행하는 공정이 프로브 장치이다.

▨ 프로브 장치의 역할은?

웨이퍼 상에 LSI를 형성하는 전공정이 끝난 웨이퍼는 드디어 후공정으로 들어간다. 파티클 오염에 유의하며 각 공정 결과를 모니터하면서 웨이퍼 공정을 수행해도 웨이퍼 상에 제조한 칩에는 불량품이 있을 수 있다. 불량품을 후공정에 투입해도 의미가 없으므로 각 칩이 불량인지 양품인지를 판정할 필요가 있다. 즉, 후공정에 들어가기 전에 심사와 같은 것이다. 이를 KGD(Known Good Die*)라고 부르고 있다. 이 테스트를 실시하는 것이 프로브 장치이다. 여기에는 연구 개발에서 사용하는 수동형도 있지만, 반자동형, 전자동형이 주로 사용된다. 양산 라인에서는 전자동형이 줄지어 배치되어 있다.

▨ 프로브 장치란?

프로브 장치는 웨이퍼 탑재·탈착부 및 운반부 뿐만 아니라, 테스터부로 구성되어 있다. 테스터부는 다양한 소자에 대응하기 위한 테스트 프로그램이 포함되어 있다. 예를 들어, 메모리와 로직은 전혀 다르다. 웨이퍼 스테이지의 어라인먼트 기능(앞으로 언급할 프로브 카드의 단자와 정렬을 해야 한다.)과 빠르고 높은 정숙성의 XY 제어 및 고정밀 Z 축 제어를 할 수 있는 기능을 가지고 있어 정밀 기계적인 측면도 지니고 있다. 그림 11-2-1에 프로빙 장치의 개략도를 도시하였다. 또한 양산 라인에서는 이러한 프로브 장치를 호스트 컴퓨터에서 중앙집중 관리하며, 어떤 장치가 실행 중인지 등을 한눈에 알 수 있도록 시스템화 되어있다. 프로브 장치는 반도체 시황을 민감하게 반영하며 프로브 장치의 발주 상황에서 반도체 시장의 장래를 알 수 있다고 알려져 있다.

---

* Die ; 266페이지 참조

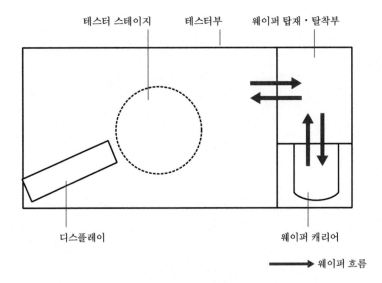

테스터 스테이지   테스터부   웨이퍼 탑재·탈착부

디스플레이   웨이퍼 캐리어

→ 웨이퍼 흐름

그림 11-2-1 프로브 장치의 평면도

▓ 프로브 카드란?

프로브는 영어의 probe(탐험, 탐사하다)에서 온 용어이다. 전기를 흘릴 수 있는 바늘이 많이 달린 프로브 카드라는 것을 사용한다. 간단한 모식도를 그림 11-2-2에 도시하였으며, 각각의 LSI 칩에 전용 프로브 카드를 프로브 카드 제조업체에 의뢰해 제작하고 있다. LSI 칩에는 패드(pad)*라고 칭하는 바늘을 접촉할 수 있는 단자가 있다. LSI에 따라 그 숫자도 위치도 다르기 때문에 전용 프로브 카드가 필요한 것이다. 프로브 카드 제조사와 프로브 장치 제조사는 별도로 되어 있다. 또한, 프로브 카드는 ① 캔틸레버(cantilever) 형, ② 버티컬(vertical) 형, ③ 멤브레인(membrane) 형으로 나눌 수 있다. 캔틸레버 형은 가장 오래된 방식으로 그림 11-2-2도 캔틸레버 형의 이미지이다. 대략적으로 말하면 지렛대의 원리로 칩의 패드와 접촉시킨다. 다른 방식은 지면 사정상 생략하나 각각의 특징을 살려 사용하고 있다. 최근 LSI는 단자의 수가 많아 그만큼 프로브 카드의 바늘 숫자도 많아지고 있다.

---

* 패드(pad) ; 바늘을 접촉시키는 단자. 비교적 넓은 면적으로 칩 주변에 배치되어 있다.

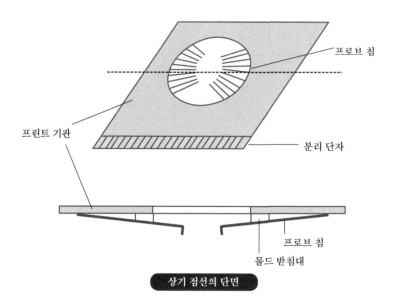

프로브 침

프린트 기판

분리 단자

프로브 침

몰드 받침대

상기 점선의 단면

그림 11-2-2 프로브 카드의 개략도

　또한, 프로브 바늘은 물리적으로 패드를 누르고 있으므로 이물질이 바늘 사이에 끼거나 칩의 배선 사이에 떨어져 측정 결과에 영향을 미칠 수 있다. 따라서 바늘 끝을 청소하는 기능이 부가되어 있다.

컬럼

수동형 프로브 장치

여기에서는 생산 현장에서 사용하는 공정 장치를 소개하였지만, 연구 개발 단계에서 사용하는 수동형 프로브 장치도 있다. 웨이퍼의 세팅이나 커버(웨이퍼에 빛이 닿은 상태에서 측정을 수행하면, 빛에 의하여 반도체 소자 내에 캐리어가 발생할 수 있기 때문에 정확히 측정할 수 없다.) 등을 모두 사람의 손으로 수행한다. 프로브 바늘의 조정도 사람의 손으로 한다. 무엇보다, 프로브도 적고, 실험용 패턴이므로 측정하는 방법을 익힐 수 있도록 고안되어 있다. 자신들이 만든 소자를 측정하여 그것이 작동하는 것을 확인하는 것은 저자도 경험이 있지만, 무척 재미있는 작업이다.

11-3 웨이퍼를 얇게 만드는 백그라인드 장치

칩을 패키지에 넣을 때는 전공정 단계를 흘린* 웨이퍼는 두께가 두꺼울 필요는 없기 때문에 웨이퍼 뒤면을 깎아 일정한 두께로 만든다. 이를 수행하는 것이 백그라인드(back grind) 장치이다.

▒ 백그라인드의 의미는?

웨이퍼 두께는 300mm 웨이퍼가 $775\mu m$, 200mm 웨이퍼가 $725\mu m$이다. 전공정에서 웨이퍼를 공정 장치에서 처리하거나 장치 간 이송할 때는 나름의 기계적 강도나 웨이퍼의 변형 등의 외형적 사양을 충족하기 위하여 일정한 두께가 필요하지만, 패키지에 수납할 때에는 얇은 것이 유리하기 때문에 $100 \sim 200\mu m$ 정도로 얇게 갈아낸다. 이 과정이 백그라인드 공정이다. 백그라인드 공정은 CMP공정과 비슷하지만, 실리콘 웨이퍼를 일정부분 얇게 갈아내는 것이기 때문에, "연마"라기보다는 "깎아낸다"라는 이미지이다. 실제로 그림 11-3-1과 같이 다이아몬드 입자를 포함한 평면 숫돌바퀴를 분당 5000번 회전시키면서 얇게 갈아낸다. 이때 웨이퍼 표면의 LSI가 손상되지 않도록 보호막**을 형성하고 보호면을 진공척 테이블에 고정한다. 이것을 약 5000회전/초

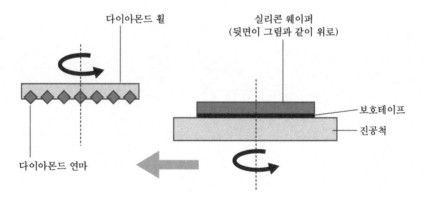

그림 11-3-1 백그라인드의 개략도

---

* 흘린 ; 현장에서 라인에 웨이퍼를 투입하는 것을 "웨이퍼를 흘리다"라고 부르는 경우가 있기 때문에 의도적으로 사용하였다.

로 회전하는 다이아몬드 휠 부분에 통과시키면서 뒷면을 깍아 내는 것이다. 또한 숫돌의 회전수를 바꾸어 마무리 연삭을 시행한다. 그 후, 손상층이 $1\mu m$ 정도 남아 있기 때문에 이를 제거한다. 최근에는 용액을 이용한 제거처리 대신 드라이 폴리싱*을 사용하기도 한다.

장치에서 꺼낸 후 표면 보호 필름을 제거한다. 이 보호막의 부착 및 제거는 전용 장치로 수행한다. 다만 제거하기 전에 웨이퍼 뒷면에 이번에는 다이싱(dicing) 테이프를 붙인다. 다이싱 테이프는 11-4절에서 설명할 것이다.

▦ 백그라인드 장치의 개요

그림 11-3-2와 같이 웨이퍼 탑재·탈착부와 연마 테이블로 구성된다. 실제 장비는 멀티 헤드의 깊이가 깊은 수직형 장치이다. 각 헤드는 진공척 테이블이 있어 웨이퍼를 고정한 후 그림과 같이 시계 방향으로 각 헤드에 보내진다. 센터링크 스테이지와 웨이퍼 반전 기능을 가진 장치도 있다.

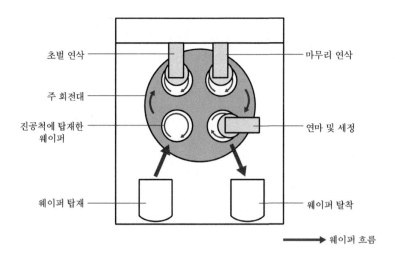

그림 11-3-2 백그라인드 장치의 개요

** 보호막 ; 보호 테이프의 소재는 PET 또는 폴리올레핀(polyolefin)을 이용한다. 형성법은 웨이퍼 표면에 자외선 경화형의 접착제를 사용하여 보호 테이프를 균일하게 롤러 등을 이용하여 접착한다. 제거는 자외선 조사 등으로 접착제를 경화시켜 박리시킴으로써 수행한다.

* 드라이 폴리싱 ; 약품이나 슬러리 등을 사용하지 않고 연마 가공한다. 전용 숫돌을 사용한다.

11-4 칩으로 절단하는 다이싱 장치

웨이퍼에서 칩을 패키지에 넣기 위해서 다이싱 장치를 이용하여 칩(다이라고도 함)으로 잘라낸다.

▓ 다이싱이란?

11-3절에서 언급했듯이 웨이퍼를 백그라인드로 얇게 깎아낸 후, 캐리어 테이프라는 접착력이 있는 테이프에 붙여 놓는다. 이것은 절단한 후 칩*이 흩어지는 것을 막기 위한 방법이다. 따라서 웨이퍼 전용 프레임에 테이프를 이용하여 접착되어 있다. 그러므로 작업 대상 제품은 프레임이 된다. 웨이퍼의 절단칼(두께 20~50μm)은 경질의 재료에 다이아몬드 입자를 부착시킨 것을 사용한다. 이 다이아몬드 칼은 초당 수만번 회전하여 웨이퍼를 절단하기 때문에 마찰열이 발생한다. 따라서 그림과 같이 항상 증류수를 고압으로 분사시키면서 수행한다. 이 증류수는 동시에 실리콘 부스러기를 제거하는 역할도 하고 있다. 정전 파괴**의 문제가 있기 때문에 증류수 속에 탄산 가스를 혼합시키는 것이 일반적이다. 그림 11-4-1에 개략도를 도시하였다. 웨이퍼도 완전 절단(full cut)하는 경우와 중간까지만 절단(half cut)하는 경우가 있지만, 공정 수가 적어지고, 품질 관리에 유리한 완전 절단을 주로 사용한다. 완전 절단하는 경우라도 캐리어 테이프까지는 절단하지 말아야 하는 것***은 말할 필요도 없을 것이다.

---

* 칩(chip) ; 이전에는 펠릿트(Pellet)라고 부르기도 하였다. 오래된 책이나 문헌에는 펠릿트라고 써있는 경우도 있다.

** 정전 파괴 ; 증류수는 불순물을 극히 미량밖에 포함하고 있지 않기 때문에 비저항 값이 커진다. 이를 위해 웨이퍼 표면의 절연 보호막과 접촉한 경우에 정전기가 발생하고 그 영향으로 칩의 회로가 파괴되는 것을 말한다.

*** 절단하지 말아야하는 것 ; 테이프 잔량이 균일하지 않으면 다이싱 후 칩을 꺼낼 때 테이프를 잡아당기는 공정(expansion)에서 칩이 어긋나는 경우가 발생한다. 이를 방지하기 위하여 정밀한 기술이 요구된다.

▨ 다이싱 장치의 개요

각 웨이퍼 프레임을 전달하는 탑재·탈착부와 미리 정렬(alignment) 과정을 수행하는 사전 정렬 스테이지(pre-alignment stage), 척테이블(chuck table) 및 스핀들(spindle)에 연결한 칼로 구성된다. 이 칼을 이용하여 위와 같이 다이싱 공정을 수행한다. 칼의 깊이는 Z 축에서 조정한다. 정렬은 XY 스테이지와 회전각 θ로 조정한다. 마지막으로 스핀 공정으로 세정·건조 후 원래의 탑재·탈착부로 되돌아간다. 그림 11-4-2에 그 구

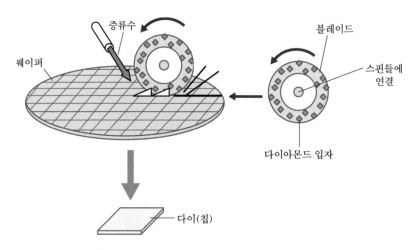

그림 11-4-1 다이싱의 개략도

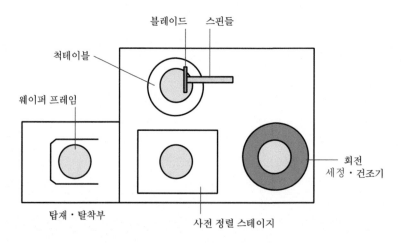

그림 11-4-2 다이싱 장치의 배치도

성을 도시하였다. 이것은 기본적인 형태이다. 또한 번잡하여 도시하지 않지만, 웨이 퍼 프레임은 장치에 설치된 운반 로봇을 이용하여 이송한다. 다이싱은 칩을 하나하나 자르는 공정이기 때문에 생산성을 확보하기 어려운 장치이다. 따라서 듀얼 커팅이라 는 두 축 모두에 동일한 칼을 장착하여 동시에 두 개의 라인을 가공하는 장치도 있다. 또한 칼을 사용하지 않고 레이저로 가공하는 방법도 고안하고 있다.

11-5 칩을 붙여 넣는 다이본딩 장치

잘라낸 칩을 패키지에 수납하기 위해 기판에 붙이는 장치가 다이본딩 장치이다. 본 절에서 작업 대상 품목이 칩 상태인 경우에 대하여 설명한다.

▒ 다이본딩이란?

다이싱이 완료된 웨이퍼 중에서 우량 칩만을 선택하여 패키지용 받침대(다이패드 라 함)에 탑재 후 접착제 등으로 고정한다. 이것을 다이본딩이라고 한다. 그림 11-5-1 처럼 각 칩은 캐리어 테이프에 부착한 상태이므로 흩어지지 않고 운반할 수 있다. 우 량 칩을 아래에서 바늘로 위로 올려 진공척으로 부착하여 리드프레임의 다이패드에 운반한다. 물론 불량 칩은 파기된다.

▒ 다이본딩 방법

여기에서는 접착제를 사용하는 방법에 대해 설명한다. 먼저 접착제를 패키지용 다 이패드에 점 모양으로 도포한다. 크게 두 가지 방법이 있다. 하나는 공융합금 결합법 이며 또 하나는 수지 접착법이다. 여기에서는 수지 접착법에 대해 설명할 것이다. 이 것은 다양한 종류의 패키지 기판에 고착시킬 때 사용하는 것으로, 에폭시 수지 기반 의 Ag 페이스트(paste)를 접착제로 이용하여 상온에서 250℃ 정도의 온도 범위에서 가열하여 진공척으로 고정한 받침대(콜릿 : collet)를 비비면서(마찰 접합) 가압하여 다이[*]를 접착시킨다. 일반적인 후공정에서는 현재 이 과정이 주로 사용되고 있다. 이 상의 흐름을 그림 11-5-1에 도시하였다.

▒ 다이본딩 장치의 개요

다이본딩 장치의 개요를 그림 11-5-2에 도시하였다. 이것은 평면도로서 웨이퍼 프레임은 그림의 아래쪽에서 공급되고 정렬 후 칩이 픽업되어, 콜릿으로 다이본딩한다. 리드프레임은 그림의 왼쪽에서 오른쪽으로 운반되며 본딩하기 전에 페이스트가 공급된다. 이 흐름은 전술한 바와 같다. 물론, 각 스테이지는 XY, θ 방향으로 이동할 수 있으며, 필요한 칩을 부착한다.

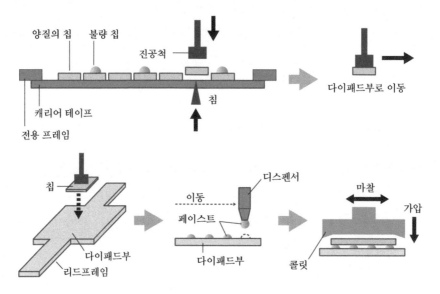

그림 11-5-1 다이본딩까지의 흐름

---

* 다이 ; 영어로는 die 복수형은 dice이다. 칩을 펠릿트라고 하거나, 다이라고 하는 것은 오랜 습관에 의한 것으로 생각된다.

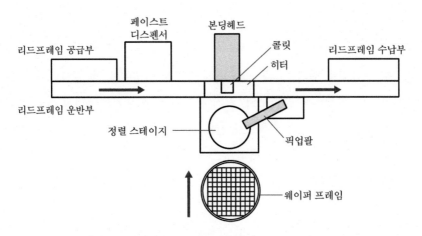

그림 11-5-2 다이본딩 장치의 주요구성

11-6 리드프레임과 연결하는 와이어본딩 장치

LSI의 패키지에는 마치 지네의 다리처럼 리드 단자가 나와 있다. 이 단자와 LSI칩의 패드를 금선으로 연결하여 전기적으로 결선하는 장치가 와이어본딩(wire bonding) 장치이다.

▨ 와이어본딩의 메커니즘

와이어로써 금(Au)을 이용하는 것은 금이 안정적이고 신뢰성이 높기 때문이다. 칩의 단자를 본딩 패드 또는 줄여서 패드라고 한다. 이것은 LSI의 제조공정에서 만들어진다. 한편, 리드프레임의 칩측을 내부 리드(inner lead)라고 한다. 그림 11-6-1에 와이어본딩의 메커니즘을 도시하였다. 캐필러리(capillary)라 불리 우는 부분의 끝에 금 와이어를 당겨오고, 거기에 전기토치를 접근시켜 스파크를 발생시킴으로써 끝부분 Au를 원형으로 만든다. (a 그림). 이를 본딩 패드 (Al)에 꽉 눌러 열 압착한다(b 그림). 이때 초음파 에너지를 병용하여 200~250℃의 온도에서 수행하는 UNTC 방식*을

---

* UNTC 방식 ; Ultra-sonic Nail-head Thermo Compression의 약자. 두 금속을 녹는 점 이하의 온도에서 가열하고 가압하여 접합하는 방법. Nail-head는 금선의 볼이 압착 될 때, 못 머리 모양이

주로 사용한다. 그 후 캐필러리가 정해진 궤도로 이동하여 Au 와이어를 늘린다(c 그림). 다음은 LSI의 내부 리드부에 캐필러리를 이동시켜 본딩을 실시한다. 리드 부에는 Ag 등이 도금되어 있다. 그 후, 캐필러리가 다른 본딩 패드의 위치로 이동하여 캐필러리 끝에 Au 와이어를 끌어오고, 거기에 전기 토치를 가까이하고 스파크를 발생시키는 것으로 끝부분 Au를 원형으로 만드는 과정을 반복한다. 이것을 1초에 몇 개 정도의 속도로 실시한다. 반도체 팹의 뉴스 영상에서 자주 나오는 장면이므로 시청한 독자들도 있으리라 생각한다.

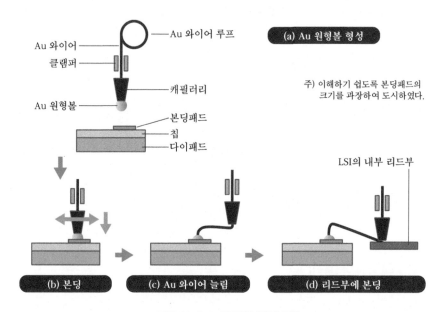

그림 11-6-1 와이어본딩의 흐름

▨ 와이어본딩 장치의 개요

이를 위하여 전용 와이어본딩(와이어본더라고도 함) 장치가 사용된다. 물론, LSI의 생산량이 많은 팹에서는 그만큼 와이어본딩 장치도 많이 필요할 것이다.

되기 때문에 붙여진 용어이다. 또한 초음파를 인가하기 때문에 UNTC라고 부른다.

실제 와이어본딩 장치는 그림 11-6-2와 같이 기본적으로 다이본딩 장치의 구성과 유사하다. 이것은 평면도이므로 칩은 그림의 아래쪽에서 공급되고 공급부(feeder)에서 토치 전극 및 클램퍼(clamper)가 있는 본딩 헤드에 보내지고, 칩이 픽업되어 와이어본딩 한다. 이 흐름은 전술한 바와 같다.

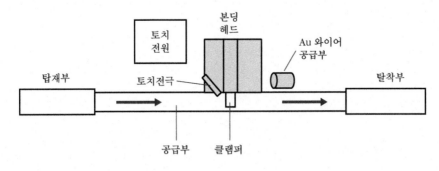

그림 11-6-2 와이어본딩 장치의 구성

11-7 칩을 넣는 봉지·몰딩 장치

LSI 칩의 다이본딩 및 와이어본딩이 끝나면 이번에는 패키지를 위한 외부 포장을 실시한다. 이를 수행하는 장치가 몰딩(molding) 장치이다.

▦ 몰딩공정 흐름

알기 쉽게 말하면 칩을 팥소(팥)로 보면 몰딩은 붕어빵의 밀가루 피부를 붙이는 것과 같다. 금형에서 상하에서 끼워 성형하는 방법과 유사하다. 여기에서는 리드프레임형 몰딩 방법에 대하여 설명한다. 먼저 몰딩공정의 흐름을 그림 11-7-1에 도시하였다. 와이어본딩이 끝난 칩과 프레임을 운반하여 패키지의 금형 위에 놓는다. 거기에 금형의 상부를 끼워 넣으면 상하 금형의 공간부(cavity)에 칩이 들어가도록 배치한다. 여기에서 상하 금형에 압력을 가하여 충분히 금형과 밀착시킨다. 거기에 에폭시 수지 등을 주입하여 칩을 완전히 봉입하는 형태로 몰딩공정을 수행한다. 그림에서는 설명의 편의상 하나의 칩에 하나의 몰딩을 수행하는 형태로 도시하였지만, 이것으로는 능률이 향상되지 않기 때문에 실제로는 다음의 그림 11-8-2의 위에서 두 번째로 도시한 바와 같이 복수의 칩을 리드프레임에 몰딩하는 방식을 이용한다. 한 번에 몇 개의 붕어빵을 만드는 것과 같다. 금형은 160~180℃ 정도로 가열하고, 거기에 열경화형 에폭시 수지를 금형에 형성되어 있는 포트(pot)부에 주입한다. 열로 용융된 에폭시 수지를 플런저(plunger)에서 라이너(liner)를 통하여 공간부에 밀어 넣는다. 이 방법을 전송(transfer) 몰딩 방식이라고 한다. 온도가 내려가면 에폭시가 경화한다. 이후 금형을 분리하여 일정 시간을 경화시킴으로써 몰딩을 완성한다.

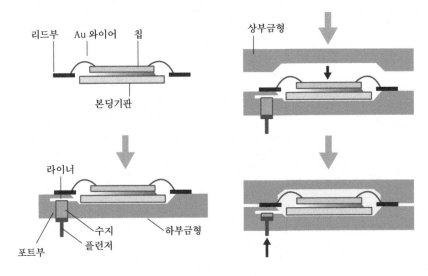

그림 11-7-1 몰딩공정의 흐름

▦ 몰딩장치의 개요

전송 몰딩장치는 탑재부, 프레스부, 탈착부로 구성되어 있다. 각각의 리드프레임을 수납 용기에 담아 프레스부에 보내는 것이 탑재부, 금형을 가열하고 그림 11-7-1과 같이 용융된 에폭시 수지를 플런저에서 공간부에 공급하고 충전시킴으로써 수지 봉지하는 것이 프레스부, 수지 밀봉된 리드프레임을 금형에서 분리하여 수납 용기에 전달하는 역할을 하는 것이 탈착부이다. 구성은 순서대로 배치하며, 그림 11-7-2에 개략적인 평면도를 도시하였다.

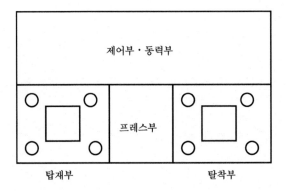

그림 11-7-2 몰딩장치의 배치도

11-8 제품 출하를 위한 외장 장치

LSI 칩의 몰딩이 끝나면 이번에는 제품으로 출하하기 위해 외장을 갖추어야 한다. 이 절에서는 장치 및 리드포밍 장치에 대해 설명한다.

▧ 마킹장치란?

마킹은 반도체 소자의 제품 패키지에 회사명과 제품의 명칭 또는 로트(lot, 제품생산 번호로 이해) 명칭 등을 기입하는 공정을 말한다. 로트 명칭을 넣는 것은 시장에서 불량이 나온 경우, 원인 규명에 도움이 되기 때문이다.

표시 방식은 잉크에 의한 인쇄 방식과 레이저에 의한 인쇄 방식이 있다. 전자는 검정 바탕의 패키지에 백색 잉크로 표시되기 때문에 보기 쉬운 반면, 얼룩지기 쉬우며, 문자가 깨지기 쉬운 단점이 있다. 후자는 잉크 방식에 비해 판독이 어렵다는 단점이 있지만, 패키지 수지를 레이저로 부분 용융하여 인쇄하기 때문에 잘 지워지지 않아 최근에는 레이저 방식이 주로 사용되고 있다. 마킹장치의 레이저는 주로 LD 여기[*]의 YAG 레이저[**]를 사용한다. 마킹장치의 예를 그림 11-8-1에 도시하였으며, 레이저

---

[*]　LD 여기 ; 레이저 다이오드의 여기. 에너지 절약을 위하여 소형화가 가능하다.

[**]　YAG 레이저 ; 고체 레이저의 일종으로 이트륨-알루미늄-석류석(yttrium aluminum garnet)의 약자로, $Y_3Al_5O_{12}$의 결정으로 이루어진다. 불순물로 Nd(neodymium ; 네오디뮴)이 포함되어

도트를 스캔하면서 조사하여 문자로 표기한다.

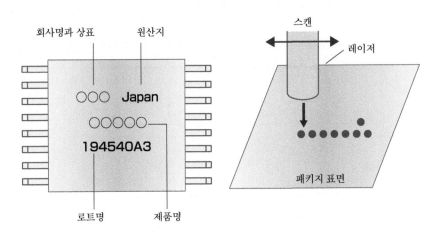

그림 11-8-1 페키지의 마킹장치에서 마킹의 예

▨ 리드포밍에 이용하는 장치

리드프레임에서 패키지 밖으로 나와 있는 부분을 외부 프레임이라 하며 이것을 성형하는 공정을 리드포밍(leadforming)이라고 한다. 구체적으로는 리드 단자 끝을 리드프레임에서 분리하여 리드 단자를 패키지의 종류에 따른 형상으로 구부리는 공정을 말한다. 실제로 프레임 상태에서 운반된 LSI(그림 11-8-2 참조)를 리드프레임에서 타이바(tie bar) 절단공정으로 분리하고 트리밍공정 후, 리드 단자를 구부려 인쇄 회로기판에 삽입할 수 있는 형태로 성형하는 리드포밍 공정의 순서로 연속적으로 가공한다. 그 흐름을 그림 11-8-2에 도시하였다. 각각 타이바 절단장치, 트리밍 장치, 리드포밍 장치가 사용되지만 모두 가공 장치이다.

있으며, 그 작용으로 1064nm의 레이저 광을 얻을 수 있다. 사용하는 것은 두 번째 고조파 532nm이다.

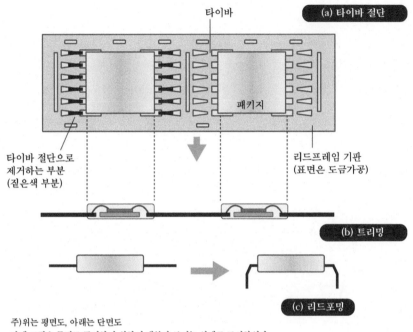

그림 11-8-2 리드포밍의 흐름

11-9 최종 검사장치 및 번인(burn in) 장치

이 절에서는 최종 제품검사를 할 때 필요한 번인 장치를 설명한다. 이 장치 자체가
검사장치는 아니지만 LSI의 초기 불량을 조기에 발견하는 것이 중요하다.

▥ 후공정의 최종 검사공정이란?

패키지된 반도체 소자는 먼저 외관 및 치수 등을 측정한다. 그래서 문제가 없는 제
품만 전기적 특성을 측정한다. 각각 전용 장치로 수행되며 전기적 특성은 프로브 장
치에서 수행한다.

▓ 번인이란?

반도체 소자에 한정되지 않지만, 초기 불량이 시장에 나오는 것을 피해야 한다. 이를 위해 필요한 것이 번인장치이다. 반도체 소자는 전자 및 정보가전, 생활가전 등의 가전제품이나 산업 기기 등 다양한 시장에서 사용되지만, 장기 신뢰성이 보장되는 것은 아니다. 신뢰성 공학에서는 욕조형 고장율 곡선을 사용한다. 형상이 미국 등에서 사용되는 욕조와 비슷하여 붙여진 명칭으로써 그림 11-9-1에 이를 도시하였다. 초기 고장은 시간이 지나면서 줄어든다.

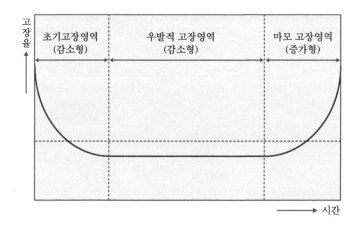

그림 11-9-1 욕조형 곡선

다음은 우발적인 고장 때문에 고장율은 일정하게 유지되며 이를 유용수명 범위라 한다. 다음은 마모에 의한 고장에 의하여 반대로 증가한다. 여기서 문제는 초기 불량이다. 시장에 제품을 출하하고 나서 초기 불량이 많이 나온다면 고객의 신뢰를 상실하여 반도체 제조사로서의 입지가 위태로워질 것이다. 그래서 초기 불량을 조기에 발견하는 방법이 번인장치이다. 고온·고압 등에서 LSI 칩을 동작시켜, 초기 불량을 조기에 발견하기 위한 공정이다.

▓ 번인장치는?

번인장치에서 온도제어가 가능한 패키지 기판용 고온조를 그림 11-9-2에 도시하였다. 패키지는 그림과 같이 번인 기판의 소켓에 다수 탑재하고 부하를 측정한다. 물론 번인장치 내부의 온도 환경은 가변적이다. 여기에서 전기적 특성 측정 장치에 연결하여 부하를 걸어 측정한다. 물론 소자특정 측정 프로그램으로 수행한다.

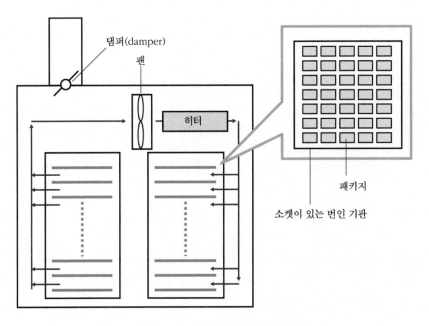

그림 11-9-2 번인장치의 항온조의 예

다양한 반도체 제조장치 제조사

졸저를 통독해 주셔서 감사합니다. 후기 대신 마지막으로 저자가 인상 깊은 반도체 제조장치 제조사의 추억을 쓰고 싶습니다. 1장에서 반도체 제조장치 제조사의 역사에 대하여 기술하였습니다. 반도체 산업 초기에는 실험실 수준에서 소규모 생산에 가까운 형태로 반도체 소자를 생산하였으므로, 반도체 검사 장치 및 분석 장치를 취급하는 업체가 주류였던 것 같습니다. 1장은 반도체 제조장치 회사의 순위를 기술하였지만, 그것을 보면서 반도체 장치 제조업체의 역사를 탐구하는 것도 재미있다고 생각합니다. 이번 개정판에서 필자가 흥미로왔던 것은 이 순위에 지속적으로 10위권에 위치하고 있는 테라다인이라는 회사입니다. 공교롭게도 필자의 전문분야와 다르기 때문에 검사 장치 제조업체로 이름만 이전부터 듣고 있을 정도밖에 모르지만, 오랫동안 남아있는 것은 기업의 노력이나 전략이 있다는 것입니다. 초기 반도체 장치업체 중에는 반도체 재료제조사에서 출발한 업체도 있습니다. 지금 잘나가는 어플라이드 머티어리얼즈(AMAT)도 원래 반도체 재료를 취급하던 시절도 있었다고 기억합니다. 원래 회사 이름에 Material이 들어있고, 명함에 인쇄된 회사의 심볼이 삼각 플라스크 내에 전자를 의미하는 것이죠? e가 들어갔던 시대가 있습니다. 1980년대입니다. 명함을 기억해보면, 필자가 사회인 생활을 시작했을 무렵은 세로 형태가 주류였습니다. 현재는 가로가 주류입니다. 직함도 부장이나 과장은 없고 ○○ 매니저라든지 엑스퍼트 등 카타카나로 표기합니다. 세상의 흐름은 이런 곳에서도 나타나고 있습니다. 이야기가 빗나갔습니다만, 명함에 대한 이야기로 연결합니다. 반도체 재료업체에서 반도체 제조장치 회사가 된 사례도 있다고 설명하였지만, 저자가 맡고 있던 일렉트로닉스 메이커는 반도체뿐만 아니라 자기테이프로 대표되는 자기 제품도 취급하고 있었습니다. 그래서인지 다양한 원료 메이커로 영역을 뻗어나가던 시기가 있었던 것 같습니다. 그 당시 미국의 전자재료 제조업체를 인수(전체인지 한 부문인지는 불명확합니다.)했습니다. 이 업체는 원재료뿐만 아니라 반도체 제조장치도 취급하고 있었습니다. 필자가 근무하고 있던 회사의 반도체 부문이 당시 8장에서 설명한 스퍼터링 장치를 주문하고 있었습니다. 그러자 그 메이커의 미국 본사에 납품 전에 검사한 담당자가 해당 장치에 당시 회사의 CEO 명함이 붙어 있었다고 돌아와서 보고하였고 검사 결과보다 그쪽이 화제가 된 기억이 있습니다. 인수 협상 시 업체 본사를 방문한 CEO가 스퍼터링 장치를 우리 회사에 납품하는 것으로 알고 붙인 것으로 생각됩니다. 대단히 오래된 것으로 기억에 차이가 있을지도 모릅니다만 대략은 상기와 같은 것이었습니다. 이상 반도체 제조장치 메이커에 대한 추억을 기술해 보았습니다. 뭔가 아이디어에 연결되었으면 하는 바램입니다.

참고문헌

참고한 문헌은 다음과 같습니다.

1) "VLSI Technology 2nd Edition", S.M.Sze,, McGraw-Hill Book Company
2) "VLSIの薄膜技術"、伊藤隆司、石川元、中村宏　共著、丸善
3) "はじめての半導体リソグラフィ技術"、岡崎信次、鈴木章義、上野功著、工業調査会
4) "はじめての半導体洗浄技術"、小川洋輝、堀池靖浩著、工業調査会
5) "詳説　半導体CMP技術"、土肥俊郎編著、工業調査会
6) "VLSIとCVD"、前田和夫著、槇書店
7) "図解でわかる半導体製造装置"、菊池正典監修、日本実業出版社

이상 감사드립니다. 이 외에도 각종 자료를 참고로 하였으며, 기본적으로 저자가 현장 등에서 교육받은 사항이나 현장에서 경험한 지식을 바탕으로 작성하였습니다. 많은 여러 선배에게 감사드립니다. 또한, 업계동향 등 각 언론보도를 참고했습니다. 행정이나 각 기업의 자료도 참고로 하였습니다. 감사드립니다.

마지막으로 사사로운 일로 황송하지만 이 책을 돌아가신 어머님께 바칩니다.

저자

INDEX

〈제3판〉 알기쉬운 최신 반도체 제조장치의 기본과 구조

1판 1쇄 발행 2022년 08월 05일
1판 2쇄 발행 2023년 09월 04일
저   자 사토 준이치
옮 긴 이 정학기
발 행 인 이범만
발 행 처 **21세기사** (제406-2004-00015호)
　　　　　경기도 파주시 산남로 72-16 (10882)
　　　　　Tel. 031-942-7861   Fax. 031-942-7864
　　　　　E-mail : 21cbook@naver.com
　　　　　Home-page : www.21cbook.co.kr
　　　　　ISBN 979-11-6833-046-7

정가 25,000원